Matthias Rother

Über das Konkurrenzverhalten von Dielektrika bei der Mikrowellenerwärmung

Über das Konkurrenzverhalten von Dielektrika bei der Mikrowellenerwärmung

von
Matthias Rother

Dissertation, Karlsruher Institut für Technologie
Fakultät für Chemieingenieurwesen und Verfahrenstechnik, 2010

Impressum

Karlsruher Institut für Technologie (KIT)
KIT Scientific Publishing
Straße am Forum 2
D-76131 Karlsruhe
www.ksp.kit.edu

KIT – Universität des Landes Baden-Württemberg und nationales
Forschungszentrum in der Helmholtz-Gemeinschaft

KIT Scientific Publishing 2010
Print on Demand

ISBN 978-3-86644-544-4

Über das Konkurrenzverhalten von Dielektrika bei der Mikrowellenerwärmung

zur Erlangung des akademischen Grades eines
DOKTORS DER INGENIEURWISSENSCHAFTEN (Dr.-Ing.)

der Fakultät für Chemieingenieurwesen und Verfahrenstechnik
des Karlsruher Instituts für Technologie (KIT)

genehmigte
DISSERTATION

von
Dipl.-Wi.-Ing. Matthias Rother
aus Mainz

Referentin: Prof. Dr.-Ing. Heike P. Schuchmann
Korreferent: Prof. Dr.-Ing. Matthias Kind
Tag des Kolloquiums: 22.06.2010

Danksagung

Die vorliegende Arbeit entstand zwischen September 2006 und März 2010 während meiner Tätigkeit als wissenschaftlicher Mitarbeiter am Institut für Bio- und Lebensmitteltechnik des Karlsruher Instituts für Technologie (KIT). Mein Dank gilt allen, die durch ihr Wirken und ihren Zuspruch zum Gelingen dieser Arbeit beigetragen haben. Mein besonderer Dank gilt

Frau Prof. Dr.-Ing. Heike P. Schuchmann für die Betreuung dieser Dissertation, ihre wertvollen Anregungen, den großen Gestaltungsspielraum und dafür, mir als Wirtschaftsingenieur das Vertrauen zu schenken, im Bereich der Verfahrenstechnik zu promovieren,

Herrn Prof. Dr.-Ing. Matthias Kind für die freundliche Übernahme des Korreferats,

Herrn Prof. Dr.-Ing. habil. Helmar Schubert, der zu Studentenzeiten mein Interesse für die Lebensmittelverfahrenstechnik geweckt hat, für seine kritischen Anmerkungen und wertvolle Diskussionen,

Herrn Dr. Volker Gaukel für seine Unterstützung bei der Bewältigung so mancher wissenschaftlicher und bürokratischer Hürde,

Heinrich Steigleder und Jürgen Kraft für die Unterstützung bei der zeitnahen Umsetzung manch vager Idee in funktionstüchtige Anlagen,

Nina Weis für die Durchführung einer Vielzahl von Experimenten, die hierfür an mancher Stelle notwendige Frustrationstoleranz und die Anleitung meiner Studenten im Labor,

Matthias Himberg für die gute Zusammenarbeit und die Unterstützung beim Aufbau und der Inbetriebnahme des Schachtrösters,

meinen Diplomanden und Studienarbeitern Franziska, Li, Alexander, Axel, Hendrik, Caroline, Jan, Jasmin, Subhasis und Philipp für ihren Beitrag zur erfolgreichen Bearbeitung meiner Projekte,

Kevin, Corina und meinem Vater für das Korrekturlesen des Manuskripts.

Ohne finanzielle Unterstützung wäre die vorliegende Arbeit nicht durchführbar gewesen. Allen Personen, Firmen und Institutionen, die zur Finanzierung dieser Arbeit beigetragen haben, bin ich daher zu großem Dank verpflichtet. Besonders ist hierbei die Förderung meiner Arbeit durch das Programm ProInno II des Bundesministeriums für Wirtschaft und Technologie und der Arbeitgemeinschaft industrieller Forschungsvereiniungen AiF unter der Förderkennziffer KF0073004TN6 zu nennen.

Mein ganz besonderer Dank gilt meiner Frau Corina, Dein Anteil an der Fertigstellung dieser Arbeit geht weit über das Korrekturlesen hinaus.

Karlsruhe, im Juli 2010   Matthias Rother

Abstract

(English) The power that is dissipated in a product in a given microwave application is highly affected by the equipment and the presence of other products as both withdraw a part of the offered power. This state where products and equipment compete for the offered power is in a new definition called heating under **competition**. Two cases of competition can be distinguished: Firstly, several loads can compete with each other and possibly lead to a load-induced inhomogeneous power uptake among the loads. Secondly, the equipment competes with the product to be heated. In a technical application the latter leads to a decrease in efficiency of the process.

Starting from MIE's- theory a new process characterising number the **normalised volume-based power input P_V/P_A** is derived. It is shown that this characteristic number P_V/P_A is suited to describe the competitive behaviour of two loads. By this means, a hypothesis from literature claiming that the power uptake of together heated loads can be calculated from the ratio of their power uptakes when heated alone is disproved.

To quantify how equipment and load compete for the offered power a new probability-based approach, the **hit-absorption-model**, is proposed. It is shown that the interaction of hit and absorption probabilities in conjunction with multi-reflections in the cavity is perfectly suited to describe the causal relationships of the efficiency of microwave processes. Size and composition of the load and losses in the equipement are both quantitatively considered in the hit-absorption-model.

From the analysis of the competitive behaviour of load and equipment the following **design criteria for microwave processes** are derived: A microwave process is efficient if losses in the equipment are minimised, the working surface of the load is maximised and the dimensions of the process chamber are chosen sufficiently large. In this case also processes where products with low dielectric properties and small dimensions are to be heated work highly efficient. In this work this is exemplarily shown and confirmed for a microwave assisted funnel roaster for bulk cocoa beans.

(Deutsch) Die Leistungsaufnahme einer Last in einem gegebenen Mikrowellenanwendungsfall hängt entscheidend davon ab, ob andere Produkte oder auch die Anlage einen Teil der angebotenen Leistung aus dem Prozess abziehen. Ein solcher Zustand, in dem Produkte und die Anlage um die angebotene Mikrowellenleistung konkurrieren, wird in dieser Arbeit in neuer Definition als Erwärmung unter **Konkurrenz** bezeichnet. Unterschieden werden zwei Fälle von Konkurrenz: Erstens können mehrere Lasten miteinander konkurrieren und führen im ungünstigen Fall zu einer lastverursachten inhomogenen Leistungsaufnahme. Zweitens konkurriert die Anlage mit dem zu erwärmenden Produkt, was in der technischen Anwendung zu einer Senkung der Effizienz führt.

Ausgehend von der MIE-Theorie wird als neue prozesscharakterisierende Kennzahl die **normierte volumenbezogene Leistungsaufnahme P_V/P_A** eingeführt, die sich als geeignet erweist, den Konkurrenzfall durch eine zweite Last zutreffend zu beschreiben. Ein aus der Literatur bekannter Ansatz, man könne aus der Leistungsaufnahme einzeln erhitzter Lasten auf ihr Erwärmungsverhalten in einem gemeinsamen Prozessraum schließen, wird auf dieser Grundlage widerlegt.

Zur Quantifizierung der Konkurrenz durch die Anlage wird in dieser Arbeit mit dem **Treffer-Absorptions-Modell** ein neuer wahrscheinlichkeitsbasierter Ansatz verfolgt. Wie gezeigt wird, erweist sich das Zusammenspiel aus Treffer- und Absorptionswahrscheinlichkeiten bei Mehrfachreflexion als geeignet, die ursächlichen Zusammenhänge der Effizienz von Mikrowellenprozessen unter Berücksichtigung von Größe und Zusammensetzung der Last und Anlagenverlusten zu beschreiben.

Aus der Analyse des Konkurrenzverhaltens von Last und Anlage wurden weiterführende **Auslegungskriterien für Mikrowellenprozesse** abgeleitet: Ein Mikrowellenprozess ist genau dann effizient, wenn Anlagenverluste niedrig gehalten, die Angriffsfläche auf das Produkt maximiert und die Abmessungen des Prozessraumes hinreichend groß gewählt werden. In diesem Fall arbeiten auch Prozesse, in denen Produkte mit niedrigen dielektrischen Eigenschaften und kleinen Abmessungen erwärmt werden sollen, in hohem Maße effizient. Dies wird in der Arbeit exemplarisch an einem mikrowellenunterstützten Schachtröstprozess für Kakaobohnen überprüft und bestätigt.

Inhaltsverzeichnis

1 Einleitung

Die Entdeckung, dass elektromagnetische Wellen im Mikrowellenband für die Erwärmung von Lebensmitteln eingesetzt werden können, wird PERCY L. SPENCER zugeschrieben, der seine Idee Im Oktober 1945 zum Patent unter dem Titel „Method of Treating Foodstuffs" einreichte [SPENCER, 1950]. So gesehen feiert die Nutzung der Mikrowellentechnologie in Erwärmungsprozessen im Jahr 2010 ihren 65. Geburtstag. Im Haushaltsbereich hat die Mikrowellentechnologie in dieser Zeit fest Fuß gefasst und setzt ihren Siegeszug unvermindert fort. So hat sich der Ausstattungsgrad deutscher Haushalte alleine in den letzten 10 Jahren von 51 % auf 70 % (Stand 2008) erhöht [BEHRENDS, 2009].

Der bereits merfach angekündigte Durchbruch der Mikrowellentechnologie im industriellen Bereich „in der kommenden Dekade" ist bislang allerdings immer noch ausgeblieben. Ein Grund hierfür liegt sicherlich darin, dass unser gewohnter Umgang mit Haushaltsmikrowellenöfen unser Bild der Mikrowellenerwärmung beeinflusst und prägt. Die in ihrer Fokussierung auf wasserbasierte Systeme in großen Resonanzräumen eingeschränkte Sichtweise führt dazu, dass die Anwendbarkeit von Mikrowellen in industriellen Prozessen tendenziell unterschätzt wird.

Für industrielle Anwendungen ist eine der Schlüsselfragen, wie gut und effizient sich Materialien oder ganze Körper im Mikrowellenfeld erwärmen. In der Literatur finden sich hierzu nur für jeweils spezifische Anwendungsbereiche Aussagen wie:

- Der dipolare Charakter von Wasser, der für seine hohe Verlustzahl ε'' verantwortlich ist, führt dazu, dass Lebensmittel aller Art so gut für die Mikrowellenerwärmung bei 2,45 GHz geeignet sind [DECAREAU, 1984],

- Pflanzenöle erwärmen sich trotz niedriger Verlustzahl ε'' bei hinreichender Lastgröße ausgezeichnet im Mikrowellenfeld [GRÜNEBERG, 1992],

- kleine Körper eignen sich schlecht für die Mikrowellenerwärmung, weil sie Mikrowellen schlechter absorbieren [SCHUBERT, 1991],

- mit steigender Lastgröße steigt die Effizienz eines Mikrowellenprozesses [RISMAN, 1992],

- die Leistungsaufnahme eines Stoffes steigt unter sonst gleichen Bedingungen mit der Verlustzahl ε'' eines Stoffes [ENGELDER, 1991],

- der Einfluss der dielektrischen Eigenschaften auf die Aufheizrate wird häufig überschätzt [RYYNANEN, 2004],

die in ihrer Konsequenz nicht homogen sind. Aus dem Zusammenhang gerissen geben sie ein nicht immer einheitliches Bild der Leistungsaufnahme mikrowellenerhitzter Lasten und der Effizienz von Mikrowellenprozessen. Ein allgemeiner Ansatz, der das stoff- und größenabhängige Mikrowellen-Absorptionsvermögen vergleichbar macht, fehlt bislang.

Um hier zu Fortschritten zu kommen, bedarf es quantitativer, modellhafter Ansätze, die eine Abschätzung erlauben, unter welchen Umständen sich Produkte für industrielle Erwärmungsprozesse eignen und wie solche Systeme effizient gestaltet werden können. Im Vordergrund stehen dabei die Fragestellungen:

(1) Wie kann das lastspezifische Absorptionsvermögen von Lasten aus unterschiedlichen Stoffen und unterschiedlicher Größe vergleichbar gemacht werden?

(2) Welchen Einfluss nimmt dieses lastspezifische Absorptionsvermögen auf die Effizienz von Mikrowellenprozessen?

In dieser Arbeit wird der Versuch unternommen, für diese Fragen eine quantitative Lösung anzubieten, um auf dieser Basis eine realistische Abschätzung der Eignung von Produkten für eine Erwärmung in Mikrowellenprozessen zu ermöglichen. Die Aussagekraft und die Praktikabilität der angebotenen Lösung wird am Beispiel der Entwicklung eines mikrowellenunterstützten Schachtrösters für Kakaobohnen überprüft.

Im nachfolgenden Kapitel wird zu diesem Zweck zunächst eine Bestandsaufnahme gemacht werden, welche Möglichkeiten bereits in der Literatur beschrieben wurden, das stoff- und größenabhängige Mikrowellen-Absorptionsvermögen von Körpern zu beschreiben, sowie die Effizienz von Mikrowellenprozessen abzuschätzen.

2 Grundlagen und Stand des Wissens

2.1 Die Entdeckung elektromagnetischer Wellen

Im Jahr 1865 fasste JAMES CLERK MAXWELL in seinem Werk „A dynamical theory of the electromagnetic field" die zu seiner Zeit existierenden Theorien zu Elektrizität und Magnetismus in einer einzigen Theorie zusammen und postulierte dabei erstmals die Existenz elektromagnetischer Wellen [MAXWELL, 1865].

Einen entscheidenden eigenen Beitrag zu dieser Theorie hatte MAXWELL bereits im Jahr 1862 in seiner Arbeit „On physical lines of force" geleistet. Aufbauend auf den Forschungsarbeiten AMPÈRES zu Magnetfeldern an stromdurchflossenen Leitern behauptete er, dass nicht nur bewegte Ladungen, sondern allein schon die zeitliche Veränderung eines elektrischen Feldes ein Magnetfeld induziert [MAXWELL, 1862]. Die Existenz eines magnetischen Feldes löst sich damit von dem unmittelbaren Vorhandensein elementar vorhandener Ladungen, wodurch elektromagnetische Wellen überhaupt erst vorstellbar werden.

Während sich MAXWELL in seiner Arbeit von 1862 noch zurückhielt und lediglich feststellte, dass sich die von ihm postulierten elektromagnetischen Kräfte und Licht in derselben Geschwindigkeit und folglich in demselben Medium bewegen, ging er 1865 weiter und äußerte die Vermutung, dass es sich auch bei Licht und Wärmestrahlung um elektromagnetische Störungen handelt, die sich wellenartig im Raum ausbreiten.

Der Nachweis der MAXWELLSCHEN Theorie gelang HEINRICH HERTZ zwei Jahrzehnte später in Karlsruhe. In einem ersten Schritt war er in der Lage nachzuweisen, dass nicht leitende Dielektrika eine Induktionswirkung auf Leiter ausüben können, die in derselben Größenordnung liegt, wie die Induktionswirkung der Leiter selbst. Dielektrika werden damit elektrodynamische Eigenschaften zugeschrieben – eine Grundannahme der MAXWELLSCHEN Theorie, die im MAXWELLSCHEN Verschiebungsstrom zum Ausdruck kommt und bis zu diesem Zeitpunkt auf Vermutungen basierte [Hertz, 1888b]. Wenige Monate später gelang ihm auch der abschließende Nachweis „elektrodynamischer Transversalwellen, die sich mit endlicher Geschwindigkeit im Raum ausbreiten" [Hertz, 1888a].

2.2 Die Grundgleichungen der klassischen Elektrodynamik

Die Maxwellschen Gleichungen, die sie ergänzenden Materialgleichungen, sowie das Lorentzsche Kraftgesetz bilden das physikalisch-mathematische Gerüst zur Berechnung aller makroskopischen elektromagnetischen Phänomene [KARK, 2004]. Sie werden auch als Grundgleichungen der klassischen Elektrodynamik bezeichnet.

Die Maxwellschen Gleichungen ((2.1)-(2.4)) sowie die sie ergänzenden Materialgleichungen ((2.6)-(2.8)) wurden in ihrer heutigen vektoriellen Schreibweise ab 1885 von OLIVER HEAVISIDE eingeführt [HEAVISIDE, 1888; HERTZ, 1890]:

$$div\ \vec{D} = \rho \tag{2.1}$$

$$div\ \vec{B} = 0 \tag{2.2}$$

$$rot\ \vec{E} = -\frac{\partial \vec{B}}{\partial t} \tag{2.3}$$

$$rot\ \vec{H} = \vec{J} + \frac{\partial \vec{D}}{\partial t} \tag{2.4}$$

In diesen Gleichungen bezeichnen $\vec{D}$ und $\vec{B}$ die elektrische und magnetische Flussdichte, $\vec{E}$ und $\vec{H}$ die elektrische und magnetische Feldstärke, $\vec{J}$ die Stromdichte und ρ die Raumladungsdichte.

Gleichung (2.1) kennzeichnet elektrische Ladungen als die Quelle elektrischer Felder.

In Gleichung (2.2) kommt die Quellenfreiheit magnetischer Felder zum Ausdruck, mit der Folge, dass keine magnetischen Monopole existieren.

Gleichung (2.3) wird als Induktionsgesetz bezeichnet. Demzufolge erzeugen zeitlich veränderliche Magnetfelder elektrische Wirbelfelder, eine Entdeckung, die FARADAY bereits 1831 gemacht hatte [GREHN, 1997].

In Gleichung (2.4) wird das bereits zu Zeiten MAXWELLS bekannte Ampèresche Gesetz um den MAXWELLSCHEN Verschiebungsstrom $\partial \vec{D}/\partial t$ erweitert. Nach diesem, auch als erweitertes Durchflutungsgesetz bezeichneten Zusammenhang, erzeugen sowohl bewegte Ladungen als auch zeitlich veränderliche elektrische Felder magnetische Wirbelfelder [MAXWELL, 1862].

Die Gleichungen (2.1) und (2.2) können alternativ auch mit den Gleichungen (2.3) und (2.4) über die Kontinuitätsgleichung der Ladungserhaltung (2.5) ausgedrückt werden. Diese ist somit implizit in den Maxwellschen Gleichungen enthalten [JACKSON, 2006]:

$$\frac{\partial \rho}{\partial t} + div\ \vec{J} = 0 \tag{2.5}$$

Danach ist die elektrische Ladung in einem abgeschlossenen System konstant. Eine Veränderung der Ladungsdichte ρ eines Systems kann nur durch eine Nettostromdichte $\vec{J}$ über die Grenzfläche des Systems herbeigeführt werden [KARK, 2004].

Der Einfluss von Materie auf elektromagnetische Felder kommt in den Materialgleichungen (2.6),(2.7) und (2.8) zum Ausdruck. Gleichung (2.6) verbindet die elektrische Feldstärke $\vec{E}$ über die komplexe Permittivität ε mit der elektrischen Flussdichte $\vec{D}$ in einem Material. Analog verknüpft Gleichung (2.7) die magnetische Feldstärke $\vec{H}$ über die komplexe Permeabilität μ mit der elektrischen Flussdichte $\vec{B}$ in einem Material. Die Materialkonstanten ε und μ hängen von der Polarisierbarkeit und der Magnetisierbarkeit des betrachteten Stoffes ab. Gibt es zudem in einem Stoff frei bewegliche Ladungsträger – beispielsweise Ionen in einer Salzlösung – so induziert das elektrische Feld $\vec{E}$ in diesem Stoff einen gewöhnlichen elektrischen Strom. Die Stromdichte $\vec{J}$ steigt dabei proportional mit der Leitfähigkeit σ des Materials. Dieser Zusammenhang kommt in Gleichung (2.8) zum Ausdruck.

$$\vec{D} = \varepsilon \cdot \vec{E} \tag{2.6}$$

$$\vec{B} = \mu \cdot \vec{H} \tag{2.7}$$

$$\vec{J} = \sigma \cdot \vec{E} \tag{2.8}$$

Ursächlich für diese Stromdichte ist die Wirkung elektromagnetischer Felder auf geladene Teilchen, die sogenannte Lorentzkraft (Gleichung (2.9)). Demnach ist die Kraft auf ein Teilchen mit der Ladung q proportional zur elektrischen Feldstärke $\vec{E}$ und dem Vektorprodukt aus der Geschwindigkeit des Teilchens $\vec{v}$ und der magnetischen Flussdichte $\vec{B}$, durch die es sich bewegt.

$$\vec{F} = q \cdot \left(\vec{E} + \vec{v} \times \vec{B} \right) \tag{2.9}$$

Nach KARK stellen $\vec{E}$ und $\vec{B}$ die fundamentalen Größen der Elektrodynamik dar, da sich mit ihnen über das Lorentzsche Kraftgesetz direkt, das heißt stoffunspezifisch, die messbare Kraftwirkung auf eine mit der Geschwindigkeit $\vec{v}$ bewegte freie Ladung q bestimmen lässt [KARK, 2004].

Von Bedeutung für diese Arbeit ist darüber hinaus der Energieerhaltungssatz, den JOHN H. POYNTING 1883 für die Elektrodynamik formulierte. Die zeitliche Veränderung der in einem Volumen enthaltenen elektromagnetischen Energie zuzüglich der pro Zeiteinheit verrichteten Arbeit, was Erwärmungsarbeit einschließt, ist demnach gleich dem Energiestrom über die Grenzfläche des betrachteten Volumens [POYNTING, 1884].

2.3   Das elektromagnetische Spektrum und seine technische Nutzung

Jede elektromagnetische Welle bewegt sich im Vakuum mit Lichtgeschwindigkeit. Frequenz f und Freiraumwellenlänge λ_0, sowie die Permittivität und Permeabilität des Vakuums ε_0 und μ_0 sind dabei über Gleichung (2.10) verknüpft:

$$c_0 = f \cdot \lambda_0 = \frac{1}{\sqrt{\varepsilon_0 \cdot \mu_0}} \tag{2.10}$$

Tritt eine elektromagnetische Welle in ein Material ein, so verkürzt sich ihre Wellenlänge gegenüber der Freiraumwellenlänge λ_0 auf λ_{mat} in

Abhängigkeit der Permittivität und Permeabilität des Materials ε_{mat} und μ_{mat}:

$$\lambda_{mat} = \sqrt{\frac{\varepsilon_0 \cdot \mu_0}{\varepsilon_{mat} \cdot \mu_{mat}}} \lambda_0 \tag{2.11}$$

Die Frequenz bleibt dabei unverändert. Eine elektromagnetische Welle breitet sich somit in einem dichten Medium langsamer aus als im Freiraum. Aus Sicht der Welle erscheint der Raum größer.

$$c_{mat} = f \cdot \lambda_{mat} \le c_0 \tag{2.12}$$

In Abb. 2.1 ist das elektromagnetische Spektrum in einem Frequenzbereich von 10^1 bis 10^{20} Hz dargestellt. Als Mikrowellen werden in diesem Spektrum Wellen mit einer Frequenz von 300 MHz bis 300 GHz entsprechend einer Freiraumwellenlänge zwischen 1 m und 1 mm bezeichnet. Sie ordnen sich damit zwischen dem sehr breiten Spektrum der Radiowellen und dem infraroten Spektrum ein.

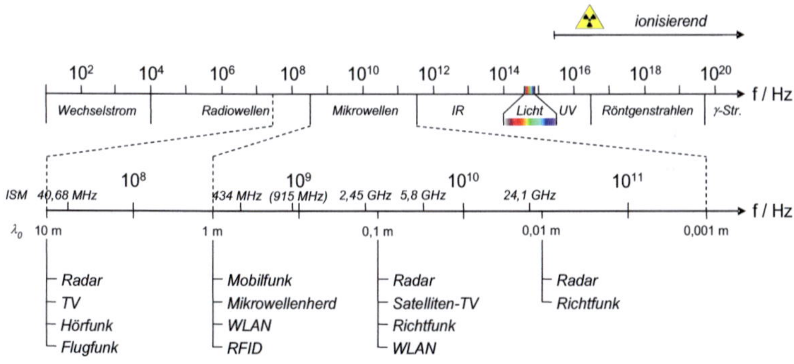

Abb. 2.1: Das elektromagnetische Spektrum in einem Frequenzbereich von 10^1-10^{20} Hz mit einem besonderen Fokus auf das Mikrowellenspektrum.

Gemeinsam mit dem Radiowellenspektrum nimmt das Mikrowellenspektrum eine große Rolle in der Nachrichtentechnik ein, wobei die Bedeutung des Mikrowellenspektrums in der jüngeren Vergangenheit durch WLAN, RFID und Mobilfunk eher zugenommen hat. Um eine Störung nachrichtentechnischer Anwendungen weitestgehend auszuschließen, dürfen technische Anwendungen für industrielle, wissenschaftliche, medizinische, häusliche und ähnliche Zwecke in Übereinstimmung mit internationalen Verträgen nur eng begrenzte Bänder um sogenannte ISM-Frequenzen (industrial, scientific, medical) nutzen.

In Abb. 2.1 sind die ISM-Frequenzen nach FreqBZPV, Teil B: NB D150 mit eingezeichnet. Funkdienste, die innerhalb dieser Frequenzbereiche wahrgenommen werden, müssen Störungen, die durch die Anwendungen hervorgerufen werden, hinnehmen. Einige weitere ISM-Frequenzen sind nach NB D138 zugelassen, dürfen aber keine Störungen verursachen [REGULIERUNGSBEHÖRDE FÜR TELEKOMMUNIKATION UND POST, 2003]. Zusätzlich ist die Frequenz 915 MHz eingezeichnet, die auf dem amerikanischen Kontinent zusätzlich als ISM-Frequenz zugelassen ist, in Europa aber nicht ohne weiteres Verwendung finden kann [METAXAS, 1983].

Für die Mikrowellenerwärmung werden international primär die drei Frequenzen 915 MHz (896 MHz GB), 2,45 GHz (2,375 GHz AL, BG, H, RO) und 5,8 GHz verwendet. Dominiert wird der Markt von Anwendungen, die bei 2,45 GHz arbeiten, einer Frequenz, die auch in herkömmlichen Haushaltsmikrowellenöfen weltweit zum Einsatz kommt. Auch alle im Rahmen dieser Arbeit verwendeten Mikrowellenöfen und -prozesse arbeiten mit dieser Frequenz.

Elektromagnetische Strahlung kann von Materie nur quantisiert absorbiert werden. Aus diesem Grund kann eine ionisierende Wirkung elektromagnetischer Strahlung nur erreicht werden, wenn die Quantenenergie eines einzelnen Photons ausreicht, um die benötigte Ionisationsenthalpie aufzubringen. Die Quantenenergie eines Photons E_{pho} ist dabei proportional zu seiner Frequenz mit dem Proportionalitätsfaktor h, dem Planckschen Wirkungsquantum, und lässt sich mit Gleichung (2.13) berechnen.

$$E_{pho} = h \cdot f \tag{2.13}$$

Für eine ionisierende Wirkung muss die elektromagnetische Strahlung also eine gewisse Grenzfrequenz überschreiten. Diese liegt im kurzwelligen ultravioletten Bereich. Analog verhält es sich auch mit der Spaltung chemischer Bindungen. ROSÉN zeigte, dass die Bindungsenergie von Atombindungen um fünf Größenordnungen oberhalb der Quantenenergie von Mikrowellenphotonen liegt und somit Mikrowellen nicht in der Lage sind, diesen Bindungstyp athermisch zu spalten [ROSÉN, 1972]. Selbst die Bindungsenergien von Wasserstoffbrückenbindungen liegen noch um drei Größenordnungen zu hoch [REUTER, 1979]. Eine athermische Wirkung von Mikrowellen ist auf der Basis einer quantisierten Absorption von Mikrowellenphotonen also nicht zu erwarten. Auch die FDA kommt in einem umfassenden Bericht aus dem Jahr 2000 über die Wirkung von Mikrowellen auf Mikroorganismen zu dem Schluss, dass athermische Wirkungen gegenüber thermischen Wirkungen zu vernachlässigen sind [U.S.FOOD AND DRUG ADMINISTRATION, 2000].

2.4 Interaktion elektromagnetischer Wellen mit Materie

2.4.1 Permittivität und Permeabilität im statischen elektrischen Feld

In den Gleichungen (2.6) und (2.7) wurden bereits die Permittivität ε und die Permeabilität μ als Materialkonstanten eingeführt, die die magnetische bzw. elektrische Feldstärke mit der magnetischen bzw. elektrischen Flussdichte in einem Material verknüpfen. Nachfolgend soll kurz die physikalische Bedeutung der beiden Größen in einem statischen elektrischen Feld bzw. einem statischen Magnetfeld aufgezeigt werden.

Wird ein Dielektrikum einer äußeren elektrischen Feldstärke ausgesetzt, so kommt es auch in elektrisch nicht leitenden Materialien zu einer Verschiebung vorhandener Ladungsschwerpunkte, einer Polarisation. In diesem Fall addiert sich zu der elektrischen Flussdichte des Vakuums eine zusätzliche elektrische Flussdichte durch Polarisation $\vec{P}$:

$$\vec{D} = \varepsilon_0 \cdot \vec{E} + \vec{P} \qquad (2.14)$$

Man unterscheidet vier Arten der Polarisation: die Grenzflächenpolarisation (Maxwell-Wagner-Effekt), das heißt, eine Polarisation durch freie Ladungsträger an Grenzflächen, die Orientierungspolarisation von Molekülen mit statischem Dipolmoment, die Atom- oder Ionenpolarisation durch Verschiebung von Ionen in einem Kristallgitter, sowie die Elektronenpolarisation durch Verschiebung der Elektronenwolken innerhalb eines Atoms (vgl. Abb. 2.2).

Das äußere elektrische Feld ist dabei bei praktisch allen technischen Dielektrika die dominierende Ursache der Polarisation und es kann folgender proportionaler Zusammenhang angenommen werden:

$$\vec{P} = \varepsilon_0 \cdot \chi_{el} \cdot \vec{E} \tag{2.15}$$

χ_{el} wird als elektrische Suszeptibilität bezeichnet. Einsetzen von Gleichung (2.15) in Gleichung (2.14) ergibt

$$\vec{D} = \varepsilon_0 \cdot \left(1 + \chi_{el}\right) \cdot \vec{E} \tag{2.16}$$

und mit der Definition der Permittivität

$$\varepsilon = \varepsilon_0 \cdot \varepsilon_r = \varepsilon_0 \cdot \left(1 + \chi_{el}\right) \tag{2.17}$$

schließlich die bekannte Materialgleichung:

$$\vec{D} = \varepsilon \cdot \vec{E} \qquad\qquad \text{s. o.} \quad (2.6)$$

<u>unpolarisiert</u>

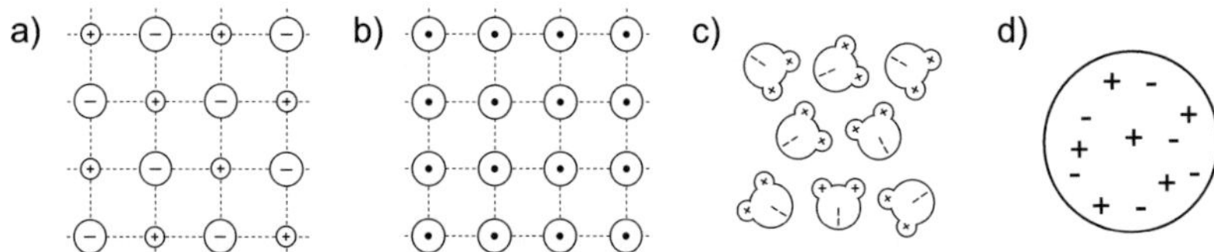

<u>polarisiert</u>

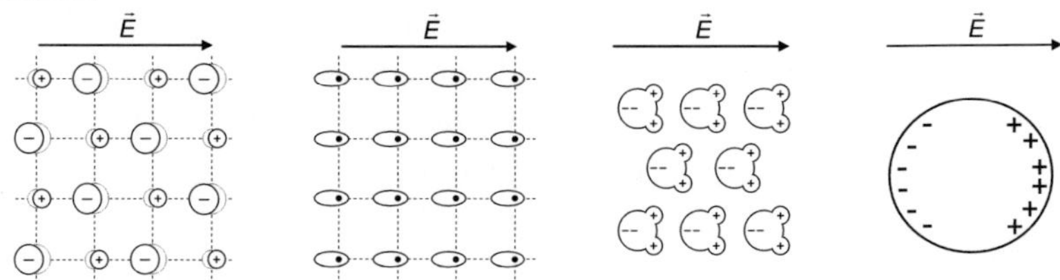

Abb. 2.2: Polarisationsmechanismen in Dielektrika auf molekularer Ebene: a) Atompolarisation, b) Elektronenpolarisation, c) Orientierungspolarisation d) Grenzflächenpolarisation (nach [DETLEFSEN, 2006]).

In der Permittivität eines Materials kommt also die Überhöhung der elektrischen Flussdichte durch Polarisation zum Ausdruck. Die relative Dielektrizitätskonstante ε_r drückt dabei aus, um welchen Faktor die elektrische Flussdichte gegenüber dem Zustand im Vakuum überhöht wird. Diese Argumentation kann analog mit Gleichung (2.7) für magnetisierbare Stoffe geführt werden, wobei die Polarisation P durch die Magnetisierbarkeit M zu ersetzen ist [DETLEFSEN, 2006]. Da Lebensmittel nicht magnetisierbar sind, gilt für die im Rahmen dieser Arbeiten verwendeten Stoffe eine relative Permeabilität von $\mu_r = 1$. Im Gegensatz hierzu variiert die Permittivität stark von Stoff zu Stoff und ist darüber hinaus in einem elektromagnetischen Wechselfeld frequenzabhängig, was im Folgenden näher diskutiert werden soll.

2.4.2 Permittivität im elektromagnetischen Wechselfeld

Betrachtet man die Permittivität eines Stoffes in einem elektromagnetischen Wechselfeld niedriger Frequenz, so entspricht die Beschreibung zunächst weitestgehend der des soeben betrachteten statischen Falles, weil sich die Polarisation bei jedem Wechsel der Feldrichtung voll ausbilden kann. Wird nun die Frequenz erhöht, so kann die Polarisation aufgrund der Trägheit der polarisierten Teilchen und ihrer Wechselwirkung mit umgebenden Teilchen bzw. Molekülen nicht beliebig dieser nun schneller ablaufenden Umpolarisation folgen [DETLEFSEN, 2006].

Infolgedessen kommt es zu einer Phasenverschiebung zwischen Polarisation und der die Umpolarisation induzierenden Feldstärke.

Das Frequenzband, in dem eine Phasenverschiebung beobachtet wird, wird als ein Bereich anomaler Dispersion bezeichnet. In einem solchen Band liegt die Relaxationszeit τ eines oder mehrerer Polarisationsmechanismen in der Größenordnung der Schwingungsdauer der elektromagnetischen Welle [DEBYE, 1929]. An dieser Stelle im Freuqenzband wir die Interaktion zwischen Welle und der relaxierenden Struktur maximal. Generell kann gesagt werden, dass die Relaxationszeit umso kürzer (die Relaxationsfrequenz höher) ausfällt, je kleiner die relaxierende Struktur ist. Folglich findet sich das Relaxationsmaximum der Grenzflächenpolarisation (Maxwell-Wagner-Effekt) bei den niedrigsten Frequenzen, gefolgt von der Orientierungspolarisation, der Atompolarisation und schließlich der Elektronenpolarisation.

Unterschreitet die Schwingungsdauer der elektromagnetischen Welle deutlich die Relaxationszeit des betrachteten Polarisationsmechanismus, so kann die Polarisation den schnellen Wechseln des Feldes nicht mehr folgen, bis sich schließlich keine Polarisation mehr ausbildet. An dieser Stelle verliert der Polarisationsmechanismus die Bedeutung für die Interaktion von elektromagnetischer Welle und Dielektrikum [HASTED, 1973].

In Bereichen anomaler Dispersion kommt es zu Wirkverlusten, die eine Erwärmung des Dielektrikums zur Folge haben und ursächlich mit der endlichen Relaxationszeit der Polarisation verknüpft sind. Mathematisch kann diesem Mechanismus Rechnung getragen werden, indem die reelle Permittivität ε_r' um einen imaginären Anteil, die sogenannte Verlustzahl ε_r'' erweitert wird [DEBYE, 1929]:

$$\varepsilon_r = \varepsilon_r' - \varepsilon_r'' \cdot i \tag{2.18}$$

Diese auch als dielektrische Eigenschaften bezeichnete komplexe Permittivität ist mit dem Phasenverschiebungswinkel δ zwischen elektromagnetischer Welle und Polarisation durch Gleichung (2.19) verknüpft:

$$\tan\delta = \frac{\varepsilon_r''}{\varepsilon_r'} \tag{2.19}$$

Unter sonst gleichen Bedingungen steigen die Absorption elektromagnetischer Strahlung und damit die dielektrischen Verluste mit steigender Verlustzahl.

Die Anteile der Polarisationsmechanismen an der Verlustzahl setzen sich dabei additiv zusammen. Zu diesen echten dielektrischen Verlusten durch Rotation gebundener Ladungsträger addieren sich in einem Dielektrikum noch Ohmsche Gleichstromverluste durch die translatorische Bewegung freier Ladungsträger, beispielsweise freie Ionen [ROUSSY, 1995]. Dieser Mechanismus kann über die Leitfähigkeit σ des Stoffes und die Frequenz f der elektromagnetischen Welle auch als dielektrischer Verlust formuliert und neben den Verlusten durch Orientierung permanenter Dipole (*dp*), Atompolarisation (*ap*), Elektronenpolarisation (*ep*) und dem Maxwell-Wagner-Effekt (*mwp*) in einen effektiven Verlustfaktor eingebunden werden.

$$\varepsilon_{r,eff}'' = \varepsilon_{r,dp}''(f) + \varepsilon_{r,ap}''(f) + \varepsilon_{r,ep}''(f) + \varepsilon_{r,mwp}''(f) + \frac{\sigma}{2 \cdot \pi \cdot f \cdot \varepsilon_0} \tag{2.20}$$

Da $\varepsilon''_{r,eff}$ letztlich die für die Verluste in einem Dielektrikum relevante Größe darstellt, wird im weiteren Verlauf mit ε'' immer auf $\varepsilon''_{r,eff}$ verwiesen.

Bei genauerer Betrachtung der unterschiedlichen Polarisationsmechanismen läuft lediglich die Relaxation der Orientierungspolarisation in Zeiträumen ab, die von der Größenordnung her mit der Schwingungsdauer von Mikrowellenfrequenzen vergleichbar sind. TANG gibt mit Verweis auf andere Quellen einen Bereich für die Relaxation polarer Moleküle von 1 MHz - 30 GHz an [TANG, 2005]. Folglich werden dielektrische Verluste im Mikrowellenband klar durch Dipolverluste aufgrund von Orientierungspolarisation dominiert, ergänzt durch frequenzunabhängige Gleichstromverluste [HASTED, 1973].

Zum Vergleich: Die Relaxationsmaxima aufgrund anomaler Dispersion liegen bei der Atompolarisation im Infraroten, bei der Elektronenpolarisation im Ultravioletten und bei der Grenzflächenpolarisation im niedrigen Radiowellenspektrum (0,1 MHz) und somit mehrere Größenordnungen vom Mikrowellenspektrum entfernt [MEDA, 2005; TANG, 2005].

Die Verlustzahl verändert sich auch als Funktion der Temperatur und des Aggregatzustands:

Für die Verlustzahl geben WANG ET AL. für wasserbasierte Systeme bei der technisch genutzten Frequenz von 2,45 GHz an, dass die Anteile der Gleichstromverluste mit der Temperatur zunehmen, während der auf Dipolrelaxation beruhende Anteil abnimmt [WANG, 2003].

DEBYE leitete in seiner Arbeit „Polare Molekeln" Gleichung (2.21) für die Relaxationszeit einer rotierenden Kugel in einer Flüssigkeit ab, um zu überprüfen, inwiefern die Schwingungsdauer elektromagnetischer Wellen mit der Relaxationszeit von Strukturen in der Größenordnung einzelner Moleküle korreliert. Hierbei ist η die dynamische Viskosität und T die Temperatur der Flüssigkeit, a die charakteristische Länge des Moleküls und k die Boltzmannkonstante.

$$\tau = \frac{8 \cdot \pi \cdot \eta \cdot a^3}{2 \cdot k \cdot T} \tag{2.21}$$

Für Wasser berechnete er hieraus eine Wellenlänge in der Größenordnung eines Zentimeters und postulierte weiter, dass mit der Schwankung von a und η das anomale Dispersionsgebiet von Flüssigkeiten sich über einen größeren Bereich höherfrequenter Radiowellen erstrecken müsse [DEBYE, 1929]. Dies stimmt mit dem von TANG angegebenen Frequenzbereich überein.

Nach Gleichung (2.21) steigt die Relaxationszeit τ mit steigenden Molekülabmessungen, steigender Viskosität und fallender Temperatur. Da η mit fallenden Temperaturen schnell ansteigt, wird τ mit fallenden Temperaturen umso schneller zunehmen.

METAXAS ET AL. merken richtigerweise an, dass DEBYES Annahme frei rotierender Kugeln insbesondere beim Übergang zu einem Feststoff eine zu starke Vereinfachung darstellt und so neigt die DEBYSCHE Formel dazu, Relaxationszeiten zu unterschätzen [METAXAS, 1983]. Dennoch hängt die anomale Dispersion auch in Feststoffen im Radio- und Mikrowellenfrequenzbereich ursächlich mit dem Vorhandensein polarer Moleküle zusammen. So bewahren polare Flüssigkeiten einen Teil ihres polaren Charakters auch im festen Aggregatzustand und zeigen anomale Dispersion. Stoffe, bei denen anomale Dispersion im flüssigen Zustand fehlt, zeigen sie auch im festen Zustand nicht. Sicherlich werden in einer festen kristallinen Struktur nur wenige Moleküle ihre Orientierung im Feld ausrichten können. Laut DEBYE reicht aber beispielsweise die Ausrichtung eines von fünf Millionen Molekülen aus, um die anomale Dispersion von Eis zu erklären [DEBYE, 1929]. Zeigt ein Feststoff anomale Dispersion, so werden bei einem Phasenwechsel von fest nach flüssig viele polare Moleküle frei und es ist folglich mit einem signifikanten Anstieg der dielektrischen Verluste zu rechnen.

Die Theorie DEBYES führt – ohne sie an dieser Stelle im Detail zu betrachten – zu sehr scharfen Relaxationspeaks. In technisch eingesetzten Stoffen tragen allerdings zwei Mechanismen dazu bei, dass der Dispersionsbereich üblicherweise über ein breiteres Frequenzband streut. Erstens kann mehr als ein polarer Molekültyp für die Phasenverschiebung der makroskopischen Polarisierung verantwortlich sein, so dass sich die unterschiedlichen Bereiche anomaler Dispersion überlagern. Zweitens können – wie beispielsweise Wasser in einem Lebensmittel – auch identische Moleküle unterschiedlich stark in eine Matrix eingebunden sein, wodurch sich eine Verteilung der Relaxationszeit über die Gesamtheit der Moleküle eines Typs ergibt. Auch hierdurch verbreitert sich der Relaxationspeak [METAXAS, 1983; ROUSSY, 1995].

2.4.3 Brechungsgesetze

Elektromagnetische Wellen, die auf eine Grenzfläche treffen, können diese nicht ungehindert durchdringen. Es kommt zu einer Brechung und/oder einer Reflexion der Welle. An hinreichend großen Grenzflächen findet für die Brechung das Snelliussche Brechungsgesetz Anwendung.

$$\sin\left(\gamma_b\right) = \frac{n_a}{n_i} \cdot \sin\left(\gamma_e\right) \tag{2.22}$$

n bezeichnet hierbei den üblichen Brechungsindex des äußeren (a) und inneren (i) Mediums, γ_e den Einfallswinkel und γ_b den Brechungswinkel der Welle. Schematisch ist dieser Vorgang ergänzt um den Reflexionswinkel γ_r in Abb. 2.3 dargestellt.

Der Brechungsindex n ist mit der Permittivität ε_r und der Permeabilität μ_r über Gleichung (2.23) verknüpft:

$$n = \sqrt{\mu_r \cdot \varepsilon_r} \tag{2.23}$$

Die einfallende Welle wird umso stärker gebrochen, je stärker sich die dielektrischen Eigenschaften und die Permeabilitäten der Stoffe unterscheiden.

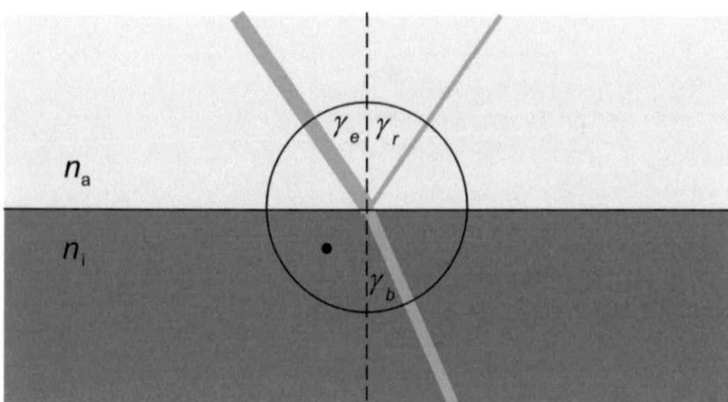

Abb. 2.3: Brechung und Reflexion eines einfallenden Strahls an einer Phasengrenzfläche (dargestellt: $n_i > n_a$).

In Abhängigkeit der Brechungsindizes und des Einfallswinkels γ_e kann es zu einer partiellen oder einer Totalreflexion der einfallenden Welle an der Grenzfläche kommen:

$$\frac{n_a}{n_i} \cdot \sin\left(\gamma_e\right) > 1 \;\Rightarrow\; \textit{Totalreflexion} \tag{2.24}$$

$$\frac{n_a}{n_i} \cdot \sin\left(\gamma_e\right) < 1 \;\Rightarrow\; \textit{partielle Reflexion} \tag{2.25}$$

Beim Übergang von partieller zur Totalreflexion wird die Strahlung exakt in die Grenzflächenebene gebrochen. Steigt der Einfallswinkel weiter an, sind keine größeren Brechungswinkel mehr denkbar, so dass die Strahlung vollkommen reflektiert wird. Es sei an dieser Stelle angemerkt, dass es nach Gleichung (2.24) nur zu einer Totalreflexion kommen kann, wenn ein Strahl von einem optisch dichteren in ein optisch weniger dichtes Material einzutreten versucht [DETLEFSEN, 2006].

Bei der partiellen Reflexion muss zwischen der Reflexion parallel und senkrecht polarisierter Strahlung unterschieden werden. Die Reflexionsgrade R_{pp} und R_{sp} lassen sich durch die Fresnelschen Formeln berechnen, die gleichermaßen für reelle und komplexe Brechungsindizes Gültigkeit besitzen [JACKSON, 2006]:

$$R_{pp} = \left[\frac{n_i^2 \cdot \cos\gamma_e - n_a \cdot \sqrt{n_i^2 - n_a^2 \cdot \sin^2\gamma_e}}{n_i^2 \cdot \cos\gamma_e + n_a \cdot \sqrt{n_i^2 - n_a^2 \cdot \sin^2\gamma_e}}\right]^2 \tag{2.26}$$

$$R_{sp} = \left[\frac{n_a \cdot \cos\gamma_e - \sqrt{n_i^2 - n_a^2 \cdot \sin^2\gamma_e}}{n_a \cdot \cos\gamma_e + \sqrt{n_i^2 - n_a^2 \cdot \sin^2\gamma_e}}\right]^2 \tag{2.27}$$

Handelt es sich um unpolarisierte Strahlung, so ergibt sich der Reflexionsgrad R aus dem arithmetischen Mittel der Reflexionsgrade senkrecht und parallel polarisierter Strahlung.

$$R = \frac{R_{sp} + R_{pp}}{2} \tag{2.28}$$

In Abb. 2.4 ist die Reflexion an einer Öl/Luft- und einer Wasser/Luft-Grenzfläche als Funktion des Einfallswinkels γ_e dargestellt. Für die Berechnung wurden die Brechungsindizes bei einer Frequenz von 2,45 GHz verwendet (n_{Wasser} = 8,8-0,6 i; $n_{Öl}$ = 1,6-0,05 i). R_{ein} bezeichnet dabei die Reflexion beim Übertritt in das optisch dichtere Medium, R_{aus} die Reflexion beim Verlassen des optisch dichteren Mediums. Die Mittelwerte beziehen sich auf den Fall einer angenommenen Gleichverteilung der Strahlungsdichte über alle Raumrichtungen.

Es ist zu erkennen, dass der Reflexionsgrad beim Eintritt in ein optisch dichteres Medium über einen breiten Einfallswinkelbereich nur um wenige Prozentpunkte schwankt und dann für große Einfallswinkel stark ansteigt. Hohe Brechungsindizes führen zu hohen Reflexionsgraden. Folglich reflektiert eine Luft/Wasser-Grenzfläche aufgrund des höheren Brechungsindizes von Wasser deutlich mehr Strahlung als eine Luft/Öl-Grenzfläche.

Ähnlich verhält es sich beim Austritt aus einem optisch dichten Medium in Luft, nur findet hier sowohl bei der Öl/Luft- als auch bei der Wasser/Luft-Grenzfläche bei größeren Einfallswinkeln ein Übergang zur Totalreflexion statt, so dass es auch an der Ölgrenzfläche im Mittel zu einer starken Reflexion in der Größenordnung von 60 % kommt. Eine Wasser/Luft-Grenzfläche ist praktisch undurchlässig für Mikrowellen einer Frequenz von 2,45 GHz. Der Bereich der Totalreflexion beginnt hier bereits bei einem Einfallswinkel von 6,5°.

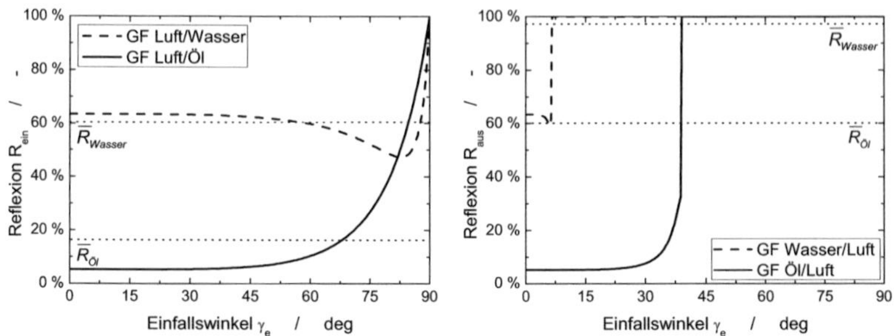

Abb. 2.4: Reflexionsgrad unpolarisierter elektromagnetischer Strahlung beim Eintritt (links) und Austritt (rechts) an einer Luft/Wasser- und einer Luft/Öl-Grenzfläche als Funktion des Einfallswinkels γ_e bei einer Frequenz von 2,45 GHz.

2.5 Kennzahlen zum Beschreiben der Dämpfung einer elektromagnetischen Welle

In diesem Abschnitt sollen vier Größen näher dargestellt werden, die auf verschiedenen Ebenen die Dämpfung elektromagnetischer Strahlung durch Materie beschreiben: die Verlustzahl ε'', die theoretische Eindringtiefe s_{theo}, die Absorptionseffizienz nach MIE Q_{abs} und der Q-Faktor des Resonanzraumes.

2.5.1 Dämpfungsebenen elektromagnetischer Wellen

Die Dämpfung in *einem Punkt* bei bekannter Feldverteilung ist unmittelbar verknüpft mit den dielektrischen Eigenschaften ε und steigt unter sonst gleichen Bedingungen proportional mit der Verlustzahl ε''.

Die Dämpfung auf *stofflicher Ebene* in einem Dielektrikum – also ohne Betrachtung der Grenzflächen – wird durch die theoretische Eindringtiefe s_{theo} beschrieben, der Wegstrecke, nach der die elektrische Feldkomponente einer Welle auf ihren e-ten Teil abgeklungen ist.

Auf *Lastebene* muss für die Dämpfung der interagierende Körper als Ganzes, also inklusive seiner Grenzflächen betrachtet werden. Für den einmaligen Wellendurchgang einer ebenen Welle durch einen sphärischen Körper hat GUSTAV MIE eine Lösung der Maxwellschen Gleichungen vorgelegt. Die hieraus abgeleitete Absorptionseffizienz Q_{abs} ist eine Kenngröße dafür, wie gut ein Körper auf ihn einfallende elektromagnetische Strahlung zu dämpfen vermag.

Auf *Anlagenebene* sind auch die Grenzflächen des Prozessraumes Teil des Systems. Die elektromagnetischen Wellen werden bis zu ihrer Absorption im Prozessraum hin und her reflektiert. Im Gegensatz zur Mie-Theorie sind somit mehrfache Wellendurchgänge zulässig. Je schlechter die Last im Prozessraum die Welle dämpft, desto länger verweilt die elektromagnetische Strahlung bis zu ihrer Absorption im Prozessraum. Hierdurch kommt es zu einer Erhöhung der Energiedichte im Prozessraum, die in höheren Q-Faktoren zum Ausdruck kommt.

2.5.2   Verlustzahl

Ist die elektrische Feldstärke E in einem Punkt bei gegebener Frequenz beispielsweise aus einer numerischen Simulation bekannt, so kann nach Gleichung (2.29) mit dem komplexen Anteil der dielektrischen Eigenschaften ε'' eine volumenbezogene Leistungsgröße P_V berechnet werden (z. B. [MEREDITH, 1998]):

$$P_V = 2 \cdot \pi \cdot f \cdot \varepsilon_0 \cdot \varepsilon'' \cdot E^2 \tag{2.29}$$

Bei fix gegebener Feldverteilung steigt die volumenbezogene Leistungsaufnahme in einem Punkt also proportional mit der Verlustzahl ε'', die somit ein Maß dafür darstellt, wie gut eine Welle in einem Punkt gedämpft wird.

Gleichung (2.29) sagt allerdings nicht aus, dass sich Stoffe mit niedriger Verlustzahl grundsätzlich schlecht erwärmen, da dieser Nachteil durch hohe Feldstärken ausgeglichen werden kann. METAXAS ET AL. merken an, dass bei Verlustzahlen unterhalb $\varepsilon'' = 10^{-2}$ sehr hohe Feldstärken benötigt werden, um sinnvolle Erwärmungsraten zu erreichen.

Ab Verlustzahlen oberhalb von $\varepsilon'' = 5$ kann es Probleme mit der Eindringtiefe geben, das heißt, dass die Welle bereits in äußeren Schichten stark gedämpft wird und das Innere des Produktes nicht erreicht. Sie schlagen daher vor, dass Stoffe mit Verlustzahlen von $10^{-2} < \varepsilon'' < 5$ gute Kandidaten für Mikrowellenanwendungen darstellen [METAXAS, 1983].

Für die Messung dielektrischer Eigenschaften und damit der Verlustzahl stand im Rahmen dieser Arbeit ein Resonatormesssystem und eine Tastkopfmethode zur Verfügung, die im Anhang A 1.1 detailliert beschrieben werden. Die Messergebnisse sind nach den verwendeten Materialien aufgegliedert Anhang A 2 zu entnehmen.

2.5.3   Theoretische Eindringtiefe

Zur Beschreibung der Abschwächung einer elektromagnetischen Welle auf *stofflicher Ebene* kann die Dämpfung der Welle in einem unendlichen Halbraum betrachtet werden, in dem Reflexionen keine Rolle spielen. Gemäß Lambert-Beerschem Gesetz fällt die elektrische Feldkomponente E einer elektromagnetischen Welle in einem Medium entlang der Ausbreitungsrichtung x einer e-Funktion folgend ab:

$$E(x) = E_0 \cdot e^{-\frac{x}{s_{theo}}} \tag{2.30}$$

Hierin bezeichnet die theoretische Eindringtiefe s_{theo} die Wegstrecke, nach der die elektrische Feldkomponente der elektromagnetischen Welle auf den e.-ten Teil der ursprünglichen Feldstärke E_0 abgefallen ist [SCHUBERT, 1991]:

$$s_{theo} = \frac{\lambda_0}{\pi \cdot \sqrt{2 \cdot \varepsilon' \cdot \left(\sqrt{1 + \left(\frac{\varepsilon''}{\varepsilon'} \right)^2} - 1 \right)}} \approx \frac{\lambda_0 \cdot \sqrt{\varepsilon'}}{\pi \cdot \varepsilon''} \quad \text{für} \quad \frac{\varepsilon''}{\varepsilon'} \ll 1 \tag{2.31}$$

λ_0 bezeichnet hierbei die Freiraumwellenlänge und ε' und ε'' die relativen komplexen dielektrischen Eigenschaften.

Es gilt weiter, dass die im Feld gespeicherte Energie und somit die verbleibende Flächenleistungsdichte proportional zum Quadrat der Feldstärke ist. Somit ergibt sich für die verbleibende Flächenleistungsdichte P_A der elektromagnetischen Welle ausgehend von einer eingestrahlten Flächenleistungsdichte $P_{A,0}$:

$$P_A(x) = P_{A,0} \cdot e^{-\frac{2 \cdot x}{s_{theo}}} \tag{2.32}$$

und für den dissipierten Anteil der Flächenleistungsdichte:

$$P_{A,diss}(x) = P_{A,0} \cdot \left(1 - e^{-\frac{2 \cdot x}{s_{theo}}} \right) \tag{2.33}$$

Der theoretische Absorptionsgrad α_{theo} der Leistungsdichte nach einer Wegstrecke $x = s$ ist somit definiert durch

$$\alpha_{theo}(s) = \frac{P_{A,diss}(s)}{P_{A,0}} = 1 - e^{-\frac{2 \cdot s}{s_{theo}}} \tag{2.34}$$

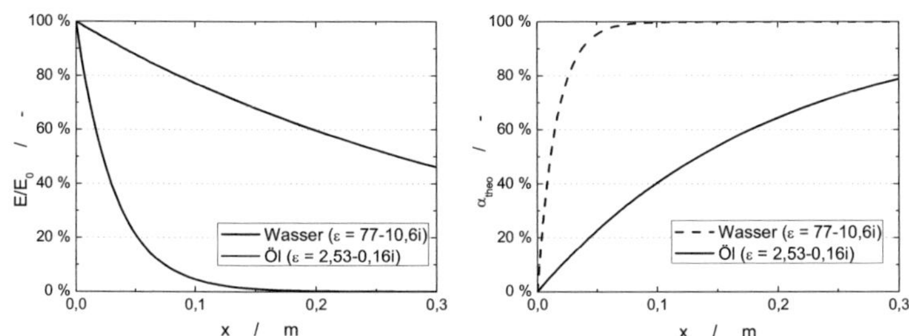

Abb. 2.5: Abschwächung der elektrischen Feldkomponente E von 2,45 GHz Mikrowellen in Öl und Wasser (links) und der korrespondierende theoretische Absorptionsgrad (rechts).

In Abb. 2.5 Ist die Abschwächung der elektrischen Feldkomponente elektromagnetischer Wellen der Frequenz 2,45 GHz in Öl und Wasser bei Raumtemperatur dargestellt. Aufgrund der hohen Eindringtiefe der elektromagnetischen Welle in Öl, die durch seine niedrige Verlustzahl bedingt ist, bleibt die Intensität der Welle auch nach mehreren Dezimetern noch spürbar erhalten. Im Gegensatz hierzu absorbiert Wasser innerhalb von wenigen Zentimetern einen Großteil der einfallenden Welle. Da die Leistungsdichte quadratisch mit der elektrischen Feldstärke fällt, verlaufen die Kurven des theoretischen Absorptionsgrades noch steiler als die der elektrischen Feldkomponente.

2.5.4 Absorptionseffizienz nach MIE

Um die bei der Wechselwirkung des sichtbaren Spektrums mit suspendierten Goldpartikeln auftretenden Farbeffekte zu erklären, veröffentlichte GUSTAV MIE 1908 eine analytische Lösung der Maxwellschen Gleichungen für die Streuung einer ebenen elektromagnetischen Welle an sphärischen Partikeln, die als Mie-Theorie bekannt wurde. Diese Lösung beinhaltet implizit den für die Mikrowellenerwärmung interessanten Fall der Absorption einer ebenen Welle durch sphärische Körper. Dies erlaubt Rückschlüsse darauf, wie gut ein Körper auf *Lastebene* in Abhängigkeit seiner Größe und seiner dielektrischen Eigenschaften als Ganzes mit einer elektromagnetischen Welle interagiert [MIE, 1908].

Zur Beschreibung des Größenverhältnisses zwischen Partikel bzw. Körper und der einfallenden Welle dient der dimensionslose Mie-Faktor α:

$$\alpha = \frac{n_a \cdot 2 \cdot \pi \cdot r}{\lambda_0} \tag{2.35}$$

Hierbei beschreibt n_a den Brechungsindex des umgebenden Mediums, λ_0 die Freiraumwellenlänge der betrachteten elektromagnetischen Welle und r den Radius des Körpers als dessen charakteristische Länge.

Über eine Reihenentwicklung wird auf der Basis dieses Faktors und der Mie-Koeffizienten a_n und b_n die Wechselwirkungswahrscheinlichkeit zwischen elektromagnetischer Welle und Körper berechnet. Unterschieden wird hierbei zunächst zwischen der Streueffizienz Q_{sca}, das heißt der Wahrscheinlichkeit, dass die einfallende Welle gestreut wird, und der Extinktionseffizienz Q_{ext}, das heißt der Wahrscheinlichkeit, dass die elektromagnetische Welle den Körper nicht ungehindert durchquert:

$$Q_{sca} = \frac{2}{\alpha^2} \cdot \sum_{n=1}^{\infty} (2n + 1) \cdot \left(|a_n|^2 + |b_n|^2 \right) \tag{2.36}$$

$$Q_{ext} = \frac{2}{\alpha^2} \cdot \sum_{n=1}^{\infty} (2n + 1) \cdot \left[\mathrm{Re}(a_n + b_n) \right] \tag{2.37}$$

Die Absorptionseffizienz Q_{abs}, also die Wahrscheinlichkeit, dass die einfallende Welle in Wärme dissipiert, kann dann durch die Differenz aus Extinktions- und Streueffizienz berechnet werden [BOHREN 1983]:

$$Q_{abs} = Q_{ext} - Q_{sca} \tag{2.38}$$

Im Zusammenhang mit der Absorption von Mikrowellen taucht die Absorptionseffizienz in der Literatur auch unter dem Namen relativer Absorptionsquerschnitt (*RACS*) auf [ZHANG, 2003; WEIL, 1975]. Für die Berechnung der Mie-Koeffizienten gibt GRÜNEBERG die Gleichungen (2.39) und (2.40) an [GRÜNEBERG, 1994], die in dieser Arbeit über einen frei verfügbaren Matlab-Code gelöst wurden [MARKOWICZ, 2005]. Bei den Funktionen j_n, σ_n, h_n und φ_n in diesen Gleichungen handelt es sich um Modifikationen der Bessel- und Hankelfunktionen, die sich beispielsweise im Anhang der Arbeit GRÜNEBERGS finden.

$$a_n = -\frac{j_n(\alpha)}{h_n^{(2)}(\alpha)} \cdot \frac{\sigma_n(\alpha) - n_i \cdot \sigma_n(n_i \cdot \alpha)}{\varphi_n(\alpha) - n_i \cdot \varphi_n(n_i \cdot \alpha)} \qquad (2.39)$$

$$b_n = -\frac{j_n(\alpha)}{h_n^{(2)}(\alpha)} \cdot \frac{\sigma_n(n_i \cdot \alpha) - n_i \cdot \sigma_n(\alpha)}{\varphi_n(n_i \cdot \alpha) - n_i \cdot \varphi_n(\alpha)} \qquad (2.40)$$

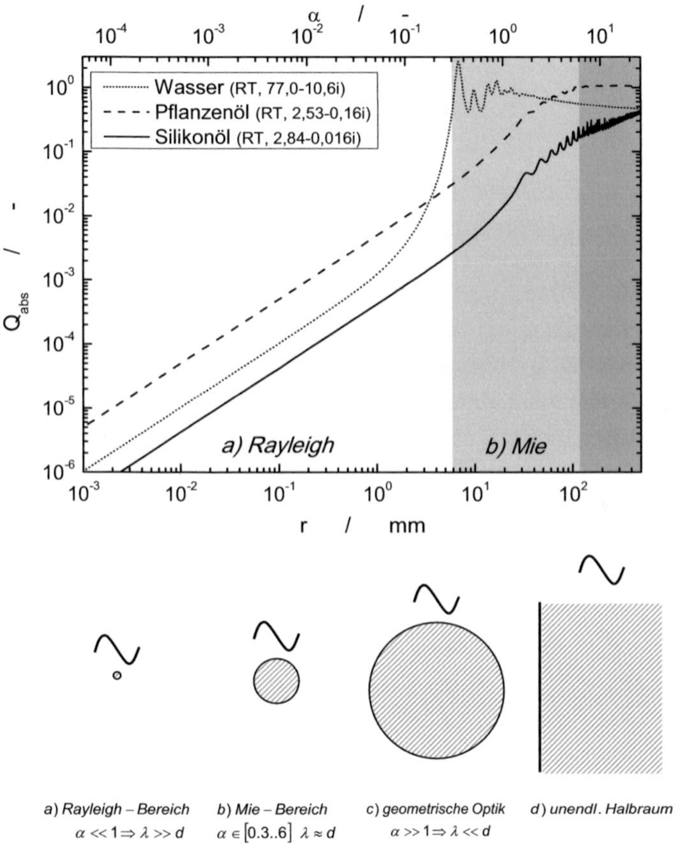

Abb. 2.6: *Analytisch berechnete Absorptionseffizienz nach MIE verschiedener Stoffe bei Raumtemperatur bei 2,45 GHz als Funktion des Kugelradius r und und des Mie-Faktors α (oben), schematische Darstellung der größenabhängigen Interaktion von Welle und Körper (unten).*

Für Mie-Faktoren in der Größenordnung von 0,3 bis 6, also in dem Bereich, in dem die Größe des Körpers in der Größenordnung der Wellenlänge liegt, kommt es zu Resonanzeffekten [SCHUBERT, 1991]. Dies führt dazu, dass die Absorptionseffizienz als Funktion von r in diesem Bereich stark schwanken kann. In Abb. 2.6 ist exemplarisch die Absorptionseffizienz einiger Stoffe als Funktion des Radius aufgetragen.

Aufgrund der analytischen Natur der MIE'schen Lösung beschreibt die Mie-Theorie die Wechselwirkung bei beliebigen Mie-Faktoren exakt und beinhaltet sowohl den Grenzfall der RAYLEIGH-Streuung für kleine Mie-Faktoren ($\alpha \ll 1$) als auch den der geometrischen Optik für große Mie-Faktoren ($\alpha \gg 1$) [GRÜNEBERG, 1994; RAYLEIGH, 1899].

Über die Projektionsfläche der Kugel $A_{p,L}$ kann mit der Absorptionseffizienz Q_{abs} der Wirkungsquerschnitt C_{abs} der Kugel berechnet werden:

$$C_{abs} = Q_{abs} \cdot A_{p,L} \tag{2.41}$$

Die Leistung, die durch den Körper absorbiert wird, entspricht genau der Strahlungsleistung, die auf den Wirkungsquerschnitt C_{abs} fällt. Der Wirkungsquerschnitt entspricht damit dem geometrischen Querschnitt eines fiktiven, perfekt absorbierenden Körpers, der dieselbe Leistung aufnimmt, wie der betrachtete Körper.

Prinzipiell sind drei Szenarien denkbar, die schematisch in Abb. 2.7 dargestellt sind, wobei Absorptionseffizienzen $Q_{abs} > 1$ nur bei vereinzelten Objekten erreicht werden können [ERLE, 2000a]:

$$C_{abs} = \pi \cdot r^2 = A_{p,L} \quad \Rightarrow \quad Q_{abs} = 1 \tag{2.42}$$

$$C_{abs} = \pi \cdot r'^2 < A_{p,L} \quad \Rightarrow \quad Q_{abs} < 1 \tag{2.43}$$

$$C_{abs} = \pi \cdot r''^2 > A_{p,L} \quad \Rightarrow \quad Q_{abs} > 1 \tag{2.44}$$

Bei der Interpretation von Absorptionseffizienz und Wirkungsquerschnitt sind folgende Einflussgrößen zu berücksichtigen.

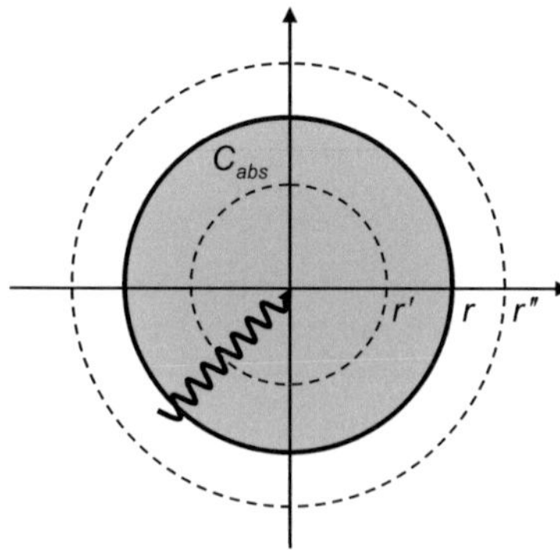

Abb. 2.7: Schematische Darstellung des Wirkungsquerschnitts. Gegenüber der eigentlichen Projektionsfläche des Körpers (grau) kann der Wirkungsquerschnitt auch vergrößert oder verkleinert sein.

(1) Relativer Brechungsindex n_i/n_a: Je höher der relative Brechungsindex n_i/n_a, desto geringer ist die Wahrscheinlichkeit, dass ein Photon in den Körper eintreten kann. Gleichzeitig erhöht ein hohes n_i/n_a dann aber auch die Wahrscheinlichkeit, dass ein einmal eingetretenes Photon im Körper bis zu seiner Absorption verbleibt (*Reflexionseffekt*).

(2) Charakteristische Länge des Körpers d: Ist die charakteristische Länge des Körpers in der Größenordnung der Wellenlänge, kann es zu *Resonanzeffekten* kommen. Dies ist etwa bei Mie-Faktoren im Bereich 0,3 bis 6 der Fall. In diesem Bereich kann es sogar zu einer deutlichen Vergrößerung des Wirkungsquerschnitts kommen. Es wird also mehr Leistung dissipiert, als eigentlich auf den Körper trifft. Der erste und häufig am stärksten ausgeprägte Resonanzpeak liegt bei:

$$d \approx \frac{\lambda_0}{\sqrt{\varepsilon_a' \cdot \varepsilon_i'}} = \frac{\lambda_0}{n_a \cdot n_i} = \frac{\lambda_i}{n_a} \tag{2.45}$$

Für $n_a = 1$ (Luft) wird der erste Resonanzpeak also an der Stelle erwartet, an der der Durchmesser etwa der Wellenlänge im Partikelmedium entspricht. Dieser Zusammenhang ist in Abb. 2.8 für Wasser und Pflanzenöl dargestellt. Aufgrund der längeren Wellenlänge von Mikrowellen in Pflanzenöl ist das erste Resonanzmaximum gegenüber dem in Wasser hin zu größeren Mie-Faktoren α und Radien r verschoben.

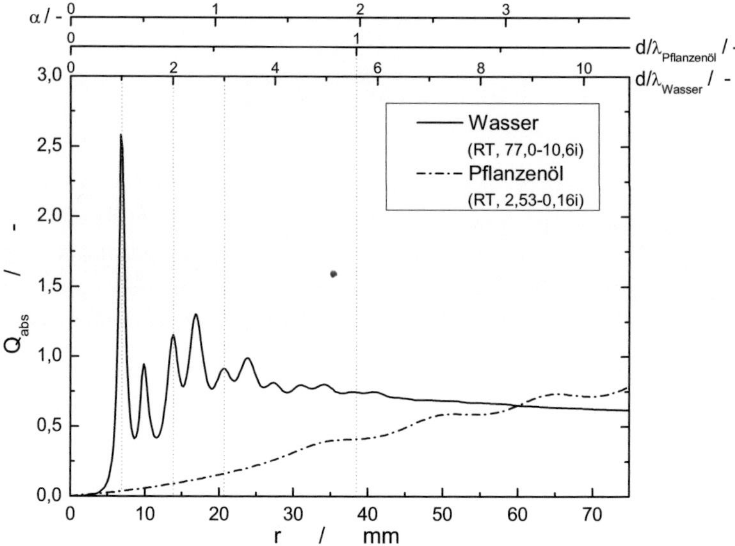

Abb. 2.8: Lage der Resonanzpeaks gemäß Mie-Theorie von Reinstoffen in Luft. Die Lage des ersten Resonanzpeaks ist direkt proportional zur Wellenlänge der Mikrowelle in dem untersuchten Medium.

(3) Theoretischer Absorptionsgrad α_{theo}: In großen und gut absorbierenden Körpern kommt es wie im unendlichen Halbraum zu einer guten Dämpfung der Welle (*Dämpfungseffekt*). Je kleiner ein Körper, desto kleiner ist seine charakteristische Länge und somit die Dämpfung, die eine ihn durchquerende elektromagnetische Welle in ihm erfährt. Je kleiner die Dämpfung, desto geringer ist auch die Absorptionseffizienz. Ein Teil der geringen Absorptionseffizienzen bei kleinen Radien ist also allein auf die kurzen Wegstrecken zurückzuführen.

Die angeführten Effekte beeinflussen den Wirkungsquerschnitt in unterschiedlichem Maße bei unterschiedlichen Mie-Faktoren (siehe Abb. 2.6):

$\alpha \gg 1$: Der Wirkungsquerschnitt wird hauptsächlich durch den Reflexionseffekt beeinflusst. Die theoretische Dämpfung geht gegen eins, Resonanzeffekte sind zu vernachlässigen. Für sehr große Mie-Faktoren läuft die Absorptionseffizienz gegen einen Grenzwert.

$\alpha \approx 1$: MIE-Bereich: Der Wirkungsquerschnitt wird bestimmt durch Resonanzeffekte und einen fallenden theoretischen Absorptionsgrad.

$\alpha \ll 1$: RAYLEIGH-Bereich: Der Wirkungsquerschnitt wird bestimmt durch den fallenden theoretischen Absorptionsgrad und die schlechtere Absorption kleiner Körper.

Die Absorptionseffizienz Q_{abs} erlaubt theoretisch einen direkten Vergleich der volumenbezogenen Leistungsaufnahme P_V gleichgroßer Lasten bei gegebener Leistungsdichte. In diesem Spezialfall besitzen beide Körper ein identisches Volumen V und eine identische Projektionsfläche, die proportional ist zu der dem Körper angebotenen Mikrowellenleistung P.

2.5.5 Q-Faktor

Wird eine elektromagnetische Welle in einen von metallischen Wänden umgebenen Raum, einen sogenannten Hohlraumresonator, eingekoppelt, so wird im elektromagnetischen Feld innerhalb des Resonators Energie gespeichert. Im Feld des Resonators wird umso mehr Energie gespeichert, je besser seine Resonanzfrequenz getroffen wird und je weniger dielektrische und Ohmsche Verluste in ihm auftreten. Ein Maß dafür, wie viel Energie ein Resonator bei einer vorgegebenen Frequenz an Energie speichern kann, ist seine Güte Q. Diese ist definiert als:

$$Q = 2 \cdot \pi \cdot \frac{gespeicherte\ Energie}{Energieverlust\ pro\ Schwingungsperiode} \qquad (2.46)$$

Je verlustbehafteter ein Resonator ist, desto geringer ist seine Güte [JACKSON, 2006].

Jede Mikrowellenanlage stellt für sich genommen ein solches Resonatorsystem dar. Es ist dabei prinzipiell möglich, den Q-Faktor in mehrere Teil-Q-Faktoren, beispielsweise für Last Q_L und Prozessraum Q_0 zu zerlegen. Hierbei gilt folgender Zusammenhang:

$$\frac{1}{Q_{ges}} = \frac{1}{Q_0} + \frac{1}{Q_{L1}} + \frac{1}{Q_{L2}} + ... + \frac{1}{Q_{Ln}} \qquad\qquad (2.47)$$

Problematisch hierbei ist allerdings, dass Q-Faktoren von Lasten, die den Prozessraum nur teilweise ausfüllen, nicht ohne weiteres zu bestimmen sind [SMITH, 1992].

Solange sich die Verlustmechanismen im Resonator nicht aufgrund der Leistungsdichte verändern, ist der Q-Faktor als systemspezifische Größe unabhängig von der eingestrahlten Leistung.

Theoretisch steht im Q-Faktor somit eine Kennzahl zur Verfügung, die unter Einbeziehung des Prozessraumes auf *Anlagenebene* die Dämpfung durch eine Last bewerten kann. Bei einer gut absorbierenden, den Prozessraum ausfüllenden Last werden sich niedrige Q-Faktoren einstellen, die höchsten Q-Faktoren werden im leeren Betrieb erzielt.

2.6 Mikrowellenprozesse im Lebensmittelbereich

Im Lebensmittelbereich werden Mikrowellen in praktisch allen Bereichen eingesetzt, in denen einem Produkt Wärme zugeführt wird. Hierzu zählen das Kochen, Tempern, Trocknen, Blanchieren, Backen, Pasteurisieren, Sterilisieren und das Rösten [KNUTSON, 1987; MUDGETT, 1989; REGIER, 2009].

2.6.1 Vor- und Nachteile des Einsatzes von Mikrowellen

Vor der Entscheidung für die Mikrowellentechnologie müssen ihre Vor- und Nachteile abgewogen werden. Einer Gliederung nach SCHUBERT folgend sind die Vorteile der Mikrowellentechnologie wie folgt zu benennen [SCHUBERT, 1991]:

Zunächst ist die bereits diskutierte Tiefenwirkung von Mikrowellen zu nennen, die Limitierungen des Wärmetransports zumindest teilweise überwinden kann. Zweitens ist im Zusammenhang mit der Mikrowellentrocknung der sogenannte Levelling-Effekt zu nennen. Aufgrund der selektiven Erwärmung wasserreicher Bereiche können diese gegenüber bereits getrockneten Bereichen im Trocknungsfortschritt aufholen. „Die Mikrowelle weiß, wo das Wasser ist" [OHLSSON, 2002]. Drittens findet die Wärmeerzeugung vorwiegend im Produkt statt, so dass bei geschickter Konstruktion der Ofen selbst kalt bleibt. Ein Medium zur Wärmeübertragung wird nicht benötigt. Speicher- und Übergangsverluste entfallen. Gerade bei kleinen Chargen entfällt die unproduktive Zeit des Aufheizens bzw. Abkühlens des Ofens und es kann mitunter die Effizienz gesteigert werden. Dieser Effekt wird auch für Haushaltsmikrowellenöfen beschrieben [CREMER, 1983].

Als Nachteile sind zu benennen:

Erstens kann es bei der Mikrowellenerwärmung aufgrund von Inhomogenitäten zu qualitätsrelevanten lokalen Überhitzungen oder im Zusammenhang mit Sterilisation und Pasteurisation zu einem lokalen Unterschreiten der Zieltemperatur kommen. Zweitens besitzen Mikrowellen einen begrenzten Wirkungsgrad, der sich aus den Wirkungsgraden der Erzeugung elektrischen Stroms, der Umwandlung in elektromagnetische Wellen und der Umwandlung der Mikrowellenleistung in Wärme *im* Produkt zusammensetzt. Drittens können aufgrund der Undurchlässigkeit von Metallen für elektromagnetische Wellen Metallbehälter nur begrenzt zum Einsatz kommen. Schließlich gibt es auch weiterhin Verbraucher, die der Mikrowellentechnologie insgesamt kritisch gegenüberstehen.

Häufig scheitert die Implementierung von Mikrowellenprozessen aber bereits an den ersten beiden technologischen Faktoren, einer unzureichenden Qualität des Produktes bei schlechtem Wirkungsgrad. Beides ist nur durch einen hohen Entwicklungsaufwand zu überwinden [KU, 2002]. Es gibt keinen Mikrowellenprozess „von der Stange".

Nachfolgend sollen diese beiden Faktoren daher näher beleuchtet werden.

2.6.2   Inhomogene Erwärmung

In Abhängigkeit der Stoffzusammensetzung und der Geometrie von Last und Prozessraum kommt es bei Lebensmitteln im Allgemeinen zu einer inhomogenen Erwärmung im Mikrowellenfeld. Dies liegt an einer ganzen Reihe von Effekten, die sich gegenseitig verstärken, aufheben und miteinander interagieren.

Zunächst einmal sind hier die Effekte zu nennen, die unmittelbar mit der Absorption und Dämpfung der Welle im Körper verknüpft sind:

(1) Die dielektrischen Eigenschaften sind nicht an jedem Punkt des Produktes identisch, sondern eine Funktion des Ortes. Bei inhomogener Zusammensetzung der Last ist dies offensichtlich von Anfang an der Fall, aber auch in homogenen Materialen kommt es mit der Ausbildung einer Inhomogenität in der Temperaturverteilung aufgrund der Temperaturabhängigkeit der dielektrischen Eigenschaften zu einer Inhomogenität in der Verteilung der dielektrischen Eigenschaften.

(2) Dieser Temperatureinfluss ist insbesondere dann drastisch, wenn ein Anstieg der Temperatur zu einem Anstieg der Verlustzahl führt, was als „Runaway Heating" oder „Thermal Runaway" bezeichnet wird. Bereiche, die aufgrund der ursprünglichen Feldverteilung ohnehin in der Leistungsaufnahme begünstigt sind, werden durch den Anstieg der Verlustzahl zusätzlich bevorteilt [METAXAS, 1983; ROUSSY, 1995; KRIEGSMANN, 1992].

(3) Aufgrund der Dämpfung der Welle in einem verlustbehafteten Material kommt es in Abhängigkeit von der theoretischen Eindringtiefe und den Abmessungen des Produktes zu einer verstärkten Erwärmung der Randbereiche [AYAPPA, 1991].

(4) Noch einmal verstärkt tritt dieser Effekt an Ecken und Kanten des Produktes auf, da hier die Wellen aus drei bzw. zwei Raumrichtungen auf die Last treffen können [RISMAN, 1992].

Weiterhin führt auch die Wellennatur der Mikrowellen zu Inhomogenitäten im Erwärmungsverhalten durch Brechung, Reflexion und Interferenz:

(5) Gekrümmte Oberflächen an Dielektrika wirken wie Mikowellenlinsen. Hierdurch kommt es an konvexen Oberflächen zu einer Fokussierung der Mikrowellen und, sofern der Brennpunkt nicht weit außerhalb des Körpers liegt, zu einer ausgeprägten Erwärmung des Zentrums der Last [OHLSSON, 1978; ZHANG, 2005].

(6) Durch Reflexionen und Interferenz der elektromagnetischen Wellen, kommt es zur Ausbildung stehender Wellen im Prozessraum. Hierdurch sind Bereiche niedriger und hoher Feldstärke vorgegeben, die

einen Einfluss auf das Erwärmungsverhalten nehmen [RINGLE, 1975].

(7) Aber nicht nur im Prozessraum kommt es zur Ausbildung stehender Wellen, auch die Last selbst stellt einen Resonator dar, in dem Wellen an den Grenzflächen reflektiert werden und sich gegenseitig überlagern [KNOERZER, 2006]. Als Resonator besitzt jede Last einen eigenen Q-Faktor [FLIFLET, 1996] (s. Gleichung (2.47)).

Schließlich bleiben die klassischen Größen der Wärme- und Stoffübertragung, die ebenfalls die Ausbildung inhomogener Temperaturverteilungen begünstigen oder verhindern können:

(8) Unmittelbar an der Grenzfläche zur Umgebung wird die verstärkte Erwärmung der oberflächennahen Bereiche, einschließlich der Ecken und Kanten, durch Verdampfungskühlung abgeschwächt [GIESE, 1992].

(9) Bei großen Biotzahlen Bi (große Abmessungen x_c, kleine Wärmeleitfähigkeit λ) kommt es bevorzugt zu einem Wärmestau im Produkt zwischen Hot-Spots und Cold-Spots. Dies begünstigt den Effekt des „Thermal Runaway", der dann bei insgesamt niedrigeren Temperaturen auftritt [SPOTZ, 1995; SINELL, 1986].

$$Bi = \frac{\alpha \cdot x_c}{\lambda} \qquad\qquad (2.48)$$

(10) Schließlich hat noch die Wärmekapazität einen direkten Einfluss auf das Erwärmungsverhalten. Fetthaltige Speisen müssen zum Erreichen einer vorgegebenen Erwärmungsrate allein deshalb schon weniger Leistung aufnehmen als wasserhaltige, weil ihre Wärmekapazität geringer ist [RYYNANEN, 2004].

Eine Literaturübersicht zu inhomogenen Temperaturverteilungen in Mikrowellenprozessen wurde 2008 von VADIVAMBAL ET AL. vorgelegt [VADIVAMBAL, 2008].

RYYNANEN ET AL. stellten fest, dass in der Gesamtheit der Einfluss der dielektrischen Eigenschaften auf das Erwärmungsverhalten häufig überschätzt wird und schlägt vor der Wärmekapazität, der Produktgeometrie und der Auslegung von Mikrowellenöfen ein größeres Gewicht beizumessen. [RYYNANEN, 2004]. STEINER (zitiert in KNOERZER) misst der Last als Resonator die größte Bedeutung zu [KNOERZER, 2006].

Das Problem ist jedoch, dass der Einfluss der Last als Resonator ohne weiteres nicht greifbar ist.

AYAPPA untersuchte das Erwärmungsverhalten von scheibenförmigen Produkten mit Hilfe der Maxwellschen Gleichungen und dem Lambert-Beerschen Gesetz. Er stellte dabei fest, dass ab einer kritischen Dicke, dem 2,7-fachen der Eindringtiefe, in guter Näherung mit der einfachen Dämpfung gemäß Lambert-Beerschem Gesetz gerechnet werden kann. Bei kleineren Abmessungen ist mit Resonanzeffekten durch Mehrfachreflexion zu rechnen, die in ganzer Exaktheit nur durch die Maxwellschen Gleichungen widergespiegelt werden [AYAPPA, 1991].

BHATTACHARYA ET AL. ermittelten in einer ähnlichen Arbeit drei Zustände bei Variation der Lastgröße. Sie unterscheiden in Abhängigkeit der charakteristischen Länge x_c dünne, resonante und dicke Strukturen. Der Leistungseintrag in dünne Strukturen ($2x_c \ll \lambda_{mat}/2\pi$) wird durch das externe Feld dominiert. In dicken Strukturen ($2x_c \gg s_{theo}$) kommt es zu einer verstärkten Erwärmung der Randbereiche. Dazwischen liegt der Bereich der resonanten Strukturen, in der die Last selbst als Resonator wirkt [BHATTACHARYA, 2006b; BHATTACHARYA, 2006a]. Da $\lambda_{mat}/2\pi$ und s_{theo} auch von den dielektrischen Eigenschaften abhängen, können die drei Bereiche auch durch alleinige Variation der dielektrischen Eigenschaften durchlaufen werden (beispielsweise Eis $\rightarrow$ Wasser $\rightarrow$ Salzwasser) [PEYRE, 1997].

VANREMMEN ET AL. schlugen ein einfaches Modell vor, um die Wärmequellenverteilung in Kugeln und Zylindern zu berechnen. Dieses orientiert sich nicht an der Lösung der Maxwellschen Gleichungen, sondern an der Dämpfung elektromagnetischer Wellen in einem verlustbehafteten Medium gemäß Lambert-Beerschem Gesetz. Demnach kommt es zu einer Superposition der Feldstärken durch Mehrfachreflexion im Produkt (vgl. Abb. 2.9). Experimentelle Messungen passten gut mit den berechneten Temperaturverteilungen überein [VANREMMEN, 1996]. VANREMMEN ET AL. berücksichtigen Reflexionen, vernachlässigen allerdings Interferenzen.

In numerischen Studien betrachteten JACKSON und BARMATZ die Erwärmung sphärischer Lasten in einem Mikrowellenofen als Superposition ebener Wellen, die gemäß Mie-Theorie an einer Kugel streuen und zeigten die Richtigkeit dieses Vorgehens [JACKSON, 1991].

Nimmt man diese Arbeiten als Anhaltspunkt, so scheint es zur Bewertung der Leistungsaufnahme – in gewissem Rahmen – zulässig zu sein, die Geometrie des Mikrowellenofens zu vernachlässigen und von einer konstanten Leistungsdichte an der Oberfläche der Last auszugehen, solange man Reflexionen und Interferenzen innerhalb der Last hinreichend berücksichtigt.

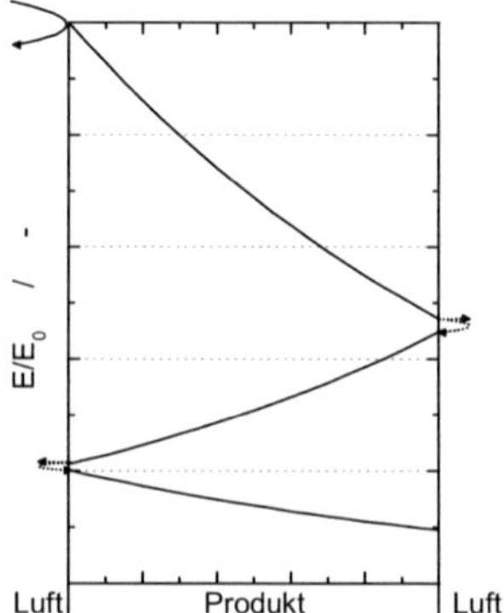

Abb. 2.9: Mehrfach überlagerte Reflexionen innerhalb eines Körpers (nach [VANREMMEN, 1996]).

2.6.3 Effizienz

2.6.3.1 Der Wirkungsgrad von Mikrowellenprozessen

Die Effizienz eines Mikrowellenprozesses ist nach oben durch den Wirkungsgrad des Magnetrons beschränkt. METAXAS ET AL. geben für ein gutes industrielles 915 MHz Magnetron eine Umwandlungseffizienz von 80 % an [METAXAS, 1983]. VOLLMER nennt als Richtwert für Magnetrons ebenfalls 80 % [VOLLMER, 2004]. MEREDITH nennt eine Effizienz von 80 % bei 2,45 GHz und sogar 85 % bei 900 MHz [MEREDITH, 1998].

Zu diesen Verlusten bei der Erzeugung der Mikrowellenenergie addieren sich in einem nicht idealen Prozess weitere Verluste auf dem Weg vom

Magnetron zum Produkt. METAXAS ET AL. geben für die Gesamtbilanz der Umwandlung elektrischer Energie in im Produkt umgesetzte Energie in einem Haushaltsmikrowellenofen einen Wert von 65 % an [METAXAS, 1983]. MEREDITH merkt an, dass in einer Anwendung mit kleinem Q-Faktor und guter Einkopplung der Mikrowellen in den Prozessraum nicht mehr als 5 % der Wellen zum Magnetron reflektiert werden sollten, was einer Effizienz des Gesamtprozesses von 75-80 % entspricht [MEREDITH, 1998]. Problematisch wird es bei höheren Q-Faktoren, bei denen die reflektierte Leistung stark schwanken kann [SMITH, 1992].

Liegt die Effizienz eines konventionellen Prozesses unterhalb dieser Richtwerte, so besteht ein Spielraum, innerhalb dessen Mikrowellenprozesse den Energieverbrauch eines konventionellen Prozesses senken können. Unter konventionell werden hierbei alle Prozesse verstanden, bei denen die Wärme von außen durch Wärmeübergang auf das Produkt übertragen und durch Wärmeleitung im Produkt verteilt wird.

Bei der Bewertung der Effizienz von Mikrowellenprozessen darf streng genommen nicht unterschlagen werden, dass bei der Erzeugung der benötigten elektrischen Energie aus fossilen Energieträgern zusätzliche Verluste auftreten, die den Gesamtwirkungsgrad drücken. Mit der zunehmenden Nutzung alternativer Energiequellen und dem Wunsch der Industrie, CO_2-neutrale Produkte anzubieten, könnte dieser Nachteil zukünftig zurückgehen.

Einen entscheidenden Einfluss auf die Gesamteffizienz eines Mikrowellenprozesses haben die Lastgröße und die stoffliche Zusammensetzung des erwärmten Körpers. Der Wirkungsgrad sinkt dabei stetig mit abnehmenden Produktmengen. Große Lasten mit niedrigen dielektrischen Eigenschaften können allerdings überraschend hohe Wirkungsgrade erzielen [OHLSSON, 1983]. GRÜNEBERG [GRÜNEBERG, 1994] und RISMAN [RISMAN, 1992] stellten unabhängig voneinander zwei Modelle auf, um diese lastabhängige Veränderung des Wirkungsgrades zu beschreiben, die nachfolgend diskutiert werden sollen.

2.6.3.2 Das Rismanmodell

Das Modell RISMANS beruht auf der Annahme, dass die Flächenleistungsdichte P_A an jedem Punkt des Mikrowellenofens identisch ist.

Trifft eine Welle auf eine Grenzfläche, so tritt sie mit ihr in Interaktion [RISMAN, 1992]. Eine formale mathematische Beschreibung des Rismanmodells war nicht zugänglich. Die folgende mathematische Beschreibung wurde daher aus der Darstellung RISMANS abgeleitet. Unterschiedliche Oberflächen in einem Mikrowellenofen haben gemäß RISMAN unterschiedliche Absorptionswahrscheinlichkeiten [RISMAN, 1992]:

- Metalloberflächen: $p_{met} = 0{,}1$ %

- Drehteller: $p_{dreh} = 1$ %

- Reflektierte Leistung: $p_{refl} = 100$ %

- typische Mikrowellenlasten: $p_L = 50$ %

Seien x_L, x_{anl}, y_L, y_{anl}, z_L und z_{anl} die Breite, Tiefe und Höhe einer quaderförmigen Last und der Anlage, r_{dreh} der Radius des Drehtellers und A_{refl} die Fläche, über die Mikrowellen in den Prozessraum eingekoppelt werden, so ergeben sich die zugehörigen Absorptionsflächen zu:

$$A_{dreh} = \pi \cdot r_{dreh}^2 \tag{2.49}$$

$$A_{met} = 2 \cdot \left(x_{anl} \cdot y_{anl} + x_{anl} \cdot z_{anl} + y_{anl} \cdot z_{anl} \right) - A_{dreh} - A_{refl} \tag{2.50}$$

$$A_L = 2 \cdot \left(x_L \cdot y_L + x_L \cdot z_L + y_L \cdot z_L \right) \tag{2.51}$$

Befindet sich das Lebensmittel in einer Metallschale, die nur nach oben hin offen ist, so reduziert sich die Oberfläche A_L zu:

$$A_L = x_L \cdot y_L \tag{2.52}$$

Aufgrund des Energieerhaltungssatzes muss im stationären Zustand die angebotene Mikrowellenleistung P_{MW} komplett von diesen Oberflächen absorbiert werden:

$$P_{MW} = P_A \cdot \left(A_L \cdot p_L + A_{met} \cdot p_{met} + A_{refl} \cdot p_{refl} + A_{dreh} \cdot p_{dreh} \right) \tag{2.53}$$

Der Teil der angebotenen Mikrowellenleistung P_{MW}, die im Lebensmittel in Wärme umgesetzt wird, ergibt sich folglich zu:

$$\frac{P}{P_{MW}} = \frac{A_L \cdot p_L}{A_L \cdot p_L + A_{met} \cdot p_{met} + A_{refl} \cdot p_{refl} + A_{dreh} \cdot p_{dreh}} \tag{2.54}$$

In Abb. 2.10 ist die nach dem Rismanmodell berechnete Leistungsaufnahme eines quaderförmigen Lebensmittels mit und ohne Metallschale als Funktion des Lastvolumens aufgetragen. Diese Auftragung des Wirkungsgrades gegen die Lastgröße wird als Lastkurve bezeichnet.

Man erkennt, dass der Metallbehälter insbesondere für kleine Lasten, die Leistungsaufnahme deutlich behindert, für große Lasten nimmt dieser Effekt wieder ab. Mit dem Rismanmodell ist auch die Leistungsaufnahme beliebiger Formen berechenbar. Schatten sich Oberflächen teilweise gegeneinander ab, müsste sicherlich die Oberfläche korrigiert werden. Der Realität entsprechend ist im Rismanmodell eine Effizienz von 100 % nicht zu erreichen. Problematisch ist allerdings, dass eine stoffabhängige Anpassung nicht ohne weiteres möglich ist und Resonanzen nicht berücksichtigt werden.

Eine experimentelle Validierung des Rismanmodells wurde in der Literatur bislang nicht beschrieben.

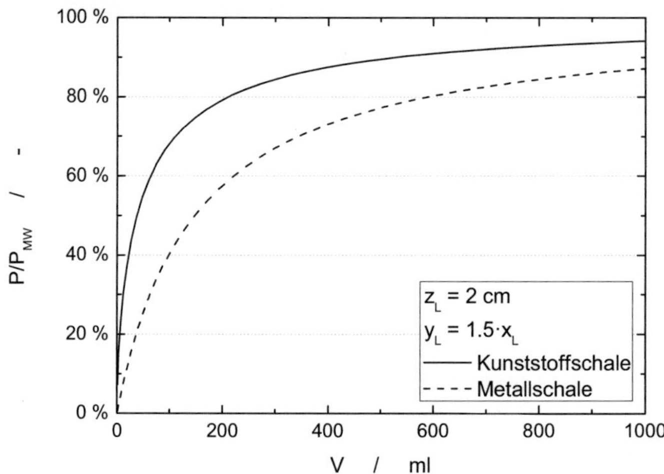

Abb. 2.10: Nach dem Rismanmodell berechnete Leistungsaufnahme eines 2 cm hohen Produktes mit und ohne Metallschale in einem Beispielofen.

2.6.3.3 Das Grünebergmodell

Die Berücksichtigung einer Stoffabhängigkeit der Leistungsaufnahme sowie des Einflusses von Resonanzen erlaubt das Grünebergmodell.

Für den Zusammenhang zwischen der angebotenen Leistung im Prozessraum und der aufgenommenen Mikrowellenleistung einer Last als

Funktion seiner Größe und seiner dielektrischen Eigenschaften gibt GRÜNEBERG Gleichung (2.55) an:

$$\frac{P}{P_{MW}} = 1 - e^{-C \cdot Q_{abs} \cdot \frac{A_{p,L}}{A_{p,MW}}} \qquad (2.55)$$

$A_{p,L}$ ist hierbei die Projektionsfläche einer der Last volumengleichen Kugel, $A_{p,MW}$ die einer dem Prozessraum der Mikrowelle volumengleichen Kugel. Ihr Verhältnis steht für die Trefferwahrscheinlichkeit, dass eine Welle, die den Raum durchquert, die Last trifft. Um den Grenzfällen $P/P_{MW} \rightarrow 0$ für die Nulllast $A_{p,L} \rightarrow 0$ und $P/P_{MW} \rightarrow 1$ für hinreichend große Lasten gerecht zu werden, wählte GRÜNEBERG den Ansatz als Exponentialfunktion. Der Anpassungsparameter C ist eine Konstante des Mikrowellenofens und steht für seine Güte. Für $C \rightarrow \infty$ geht $P/P_{MW} \rightarrow 1$, die Güte des Ofens steigt also mit steigendem C.

Die entscheidende Idee GRÜNEBERGS ist die Berücksichtigung des Parameters Q_{abs}, der MIE'schen Absorptionseffizienz (engl. absorption efficiency factor, vgl. Abschnitt 2.5.4). Dieser Parameter berücksichtigt gleichermaßen die dielektrischen Eigenschaften, wie auch die auf der Größe der Last basierenden Resonanzeffekte [GRÜNEBERG, 1994].

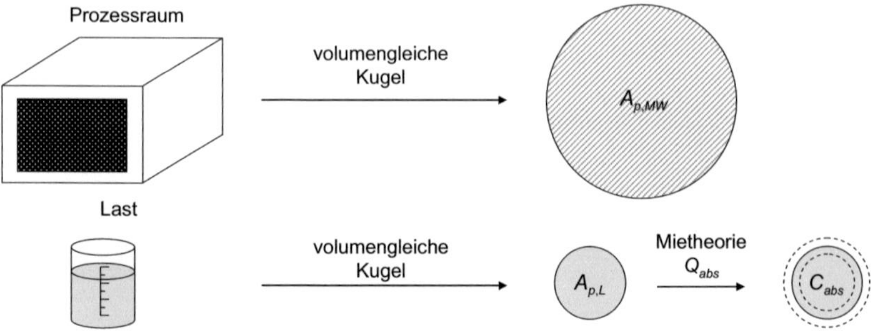

Abb. 2.11: *Schematische Darstellung der Projektionsflächen im Grünebergmodell.*

GRÜNEBERG bezeichnet diesen Parameter als Mie-Absorptionsquerschnitt A_{Mie}. Die Bezeichnung Absorptionsquerschnitt wird jedoch wie zuvor erwähnt auch für den dimensionsbehafteten Wirkungsquerschnitt C_{abs} (engl. cross section) des betrachteten Körpers verwendet. Es gilt der Zusammenhang:

$$A_{Mie} \cdot A_{p,L} = Q_{abs} \cdot A_{p,L} = C_{abs} \qquad\qquad (2.56)$$

In dieser Arbeit werden die dimensionsbehaftete Größe C_{abs} als Absorptionsquerschnitt und die dimensionslose Größe Q_{abs} als Absorptionseffizienz bezeichnet. Der Zusammenhang der drei Größen $A_{p,L}$, $A_{p,MW}$ und C_{abs} ist schematisch in Abb. 2.11 dargestellt.

In Abb. 2.12 sind zwei Anpassungen nach Gleichung (2.55) für Wasser und Sojaöl aus der Arbeit GRÜNEBERGS mit den dazugehörigen Messwerten dargestellt. Zur Einordnung der Ergebnisse GRÜNEBERGS ist anzumerken, dass GRÜNEBERG für die Anpassung der Messdaten in einem Ofen nur ein Anpassungsparameter zur Verfügung stand. Eine Änderung an dieser Gerätekonstante mit dem Ziel, die Anpassung für ein Stoffsystem zu verbessern, führt zwangsweise zu einer Verschiebung der Anpassung aller Stoffsysteme. Es kann also nicht beliebig angepasst werden, sondern das Modell spiegelt die ursächlichen Zusammenhänge von Ofen und Stoffsystem gut wider.

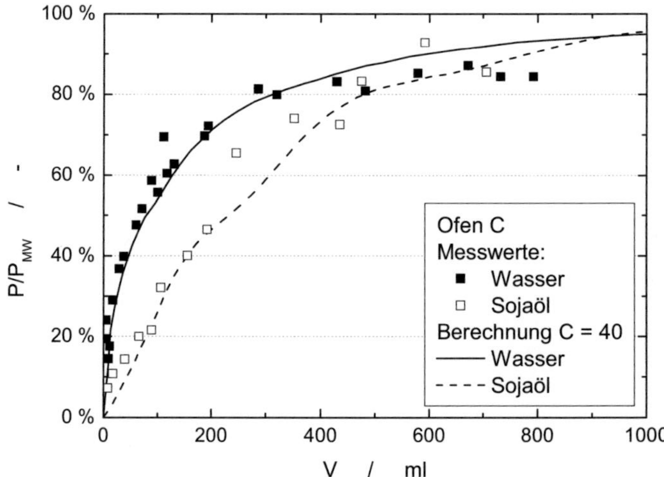

Abb. 2.12: *Leistungsaufnahme nach dem Grünebergmodell für Wasser (ε nicht angegeben) und Sojaöl (2,6-0,14 i) in Ofen C, Anpassungsparameter C = 40 [GRÜNEBERG, 1994].*

Der Systematik von Gleichung (2.55) geschuldet wird allerdings die Absorption kleiner Lasten durch das Grünebergmodell systematisch unterschätzt und die Absorption großer Lasten systematisch überschätzt.

Es ist weiterhin festzustellen, dass der Anpassungsparameter C keine physikalische Bedeutung besitzt und damit als Güteparameter lediglich qualitativer Natur ist.

3 Einführung des Begriffs der Konkurrenz und Problemstellung

In Abschnitt 2.5 wurde diskutiert, wie ein Körper mit einer elektromagnetischen Welle interagiert, wenn er von einer gegebenen Leistungsdichte getroffen wird. In einem typischen Mikrowellenanwendungsfall ist die (Flächen-)leistungsdichte allerdings keine Größe, die einfach als primäre Steuergröße vorgegeben werden kann, sondern sie stellt eine Systemantwort von Anlage und Last auf die eingespeiste Leistung dar.

In einer idealen verlustfreien Mikrowellenanlage, in der ein Einzelkörper erwärmt wird, muss aufgrund des Energieerhaltungssatzes die gesamte angebotene Leistung in diesem einen Körper absorbiert und in Wärme umgewandelt werden. In diesem Fall ist die Leistung, die im Körper in Wärme dissipiert, gleich der angebotenen Mikrowellenleistung und damit ein fester Wert:

$$P_{diss} = P_{MW} \tag{3.1}$$

Je schlechter die Last absorbiert, umso länger verweilen die Mikrowellen bis zur Absorption in der Anlage. Infolgedessen erhöhen sich die Energiedichte im Prozessraum und damit die auf die Last einwirkende Leistungsdichte. Um die angebotene Mikrowellenleistung P_{MW} in einer solchen idealen Anlage vollständig aufnehmen zu können, müssen sich damit umso höhere Leistungsdichten einstellen, je schlechter die Last absorbiert. Die Variable ist hier also nicht die Leistung, sondern die sich einstellende Leistungsdichte. Sie hängt in hohem Maße von der zu erwärmenden Last ab. In einer leeren Anlage werden sich so viel höhere Leistungsdichten einstellen als in einer gefüllten, was sich in hohen Q-Faktoren (vgl. Abschnitt 2.5.5) widerspiegelt.

In einer unvollkommenen Mikrowellenanlage gilt der Energieerhaltungssatz gleichermaßen, nur treten nun die Verluste in den zu erwärmenden Produkten $P_{diss,L,i}$ und in der Anlage selbst $P_{diss,anl}$ in Konkurrenz zueinander:

$$P_{MW} = P_{diss,anl} + \sum_{i=1}^{n} P_{diss,L,i} \tag{3.2}$$

Ein solcher Zustand, in dem Produkte und die Anlage um die angebotene Mikrowellenleistung P_{MW} konkurrieren, wird in neuer Definition als Erwärmung unter *Konkurrenz* bezeichnet.

In diesem Zustand steht die Leistungsaufnahme eines jeden Körpers in einem Gleichgewicht mit der Leistungsaufnahme aller anderen verlustbehafteten Körper in der Anlage, sowie der Anlage selbst. Die Gleichgewichtsbedingung ist eine konstante Leistungsdichte.

Es werden in dieser Arbeit zwei Arten der Konkurrenz unterschieden:

    I.   Konkurrenz durch eine zweite Last,

    II.   Konkurrenz durch die Anlage.

Ein erster experimenteller Einstieg in diese Problematik findet sich bei ZHANG [ZHANG, 2003], allerdings, wie sich später zeigen wird, auf Spezialfälle beschränkt. Die in dieser Arbeit angebotene systematische Analyse und Diskussion der Erwärmung unter Konkurrenz in der Gesamtheit aller Aspekte sollen einen neuen Zugang dazu erlauben, wie Unterschiede im Erwärmungsverhalten in einem Mikrowellenprozess entstehen. Hierdurch soll es möglich werden zu bewerten, unter welchen Umständen sich ein gegebenes Produkt für eine effiziente Erwärmung in einem Mikrowellenprozess eignet.

Hierzu wird in Kapitel 4 zunächst eine geeignete Kennzahl hergeleitet, die die Abschätzung der Leistungsaufnahme eines Einzelkörpers bei gegebener Leistungsdichte unter der Berücksichtigung lastspezifischer Resonanzen ermöglicht. Erst hierdurch wird es möglich, die Leistungsaufnahme zweier Körper unter Konkurrenz zu vergleichen.

In Kapitel 5 folgen dann Analyse und Diskussion der beiden Konkurrenzsituationen, denen Lasten in einem Mikrowellenprozess ausgesetzt sind.

Für die Bewertung der Konkurrenz durch eine zweite Last wird eine in Kapitel 4 hergeleitete Kennzahl verwendet. In einem ersten Schritt werden hierbei nur die dielektrischen Eigenschaften variiert und das Lastvolumen konstant gelassen. In einem zweiten Schritt wird die Leistungsaufnahme zweier Lasten verglichen, wenn sich sowohl die dielektrischen Eigenschaften als auch das Volumen unterscheiden.

Für die Konkurrenz durch die Anlage werden die in Abschnitt 2.6.3 vorgestellten Modelle RISMANS und GRÜNEBERGS in einem allgemeineren Modell, dem Treffer-Absorptions-Modell zusammengeführt, das die stoff- und größenabhängige Effizienz von Mikrowellenprozessen auf die Konkurrenz von Last und Anlage zurückführt.

Dieses Wissen kann dazu genutzt werden, die Auslegung von Mikrowellenprozessen gezielt zu unterstützen und das Zusammenspiel von Last und Anlage zu verstehen. Dies wird in Kapitel 6 beispielhaft an der Implementierung eines mikrowellenunterstützten Röstprozesses für Kakaobohnen gezeigt, die aufgrund ihrer niedrigen dielektrischen Eigenschaften und kleinen Abmessungen zunächst ungeeignet für eine Mikrowellenerwärmung erscheinen.

Für die Berechnungen im Rahmen der nachfolgenden Kapitel waren verlässliche Stoffdaten für die in dieser Arbeit eingesetzten Materialen notwendig. Diese sowie die dazu eingesetzten Analysetechniken finden sich in den Anhängen A 1 und A 2, auf die an den entsprechenden Stellen verwiesen wird.

4 Neue theoretische Ansätze zur Absorption elektromagnetischer Wellen unter Konkurrenz

4.1 Notwendigkeit eines Volumenbezugs

In Abschnitt 2.5 wurden die dielektrischen Eigenschaften $\varepsilon'\text{-}\varepsilon''i$, die theoretische Eindringtiefe s_{theo} und der damit verbundene theoretische Absorptionsgrad α_{theo} beschrieben, die eine Aussage darüber erlauben, wie stark ein Stoff mit einer elektromagnetischen Welle vorgegebener Frequenz interagiert. Darüber hinaus wurde die Absorptionseffizienz Q_{abs} gemäß Mie-Theorie als Größe vorgestellt, die in der Vergangenheit bereits erfolgreich dazu eingesetzt wurde, die Interaktion eines Körpers mit einer elektromagnetischen Welle zu beschreiben. Numerische Simulationsprogramme, wie auch das im Rahmen dieser Arbeit zum Einsatz gekommene Softwarepaket Quickwave 3D, ermöglichen prinzipiell die detaillierte und bei hinreichender Genauigkeit des Netzwerkes und der Randbedingungen exakte Lösung von Einzelproblemen.

Für die quantitative Beurteilung des Konkurrenzverhaltens von Lasten und Anlage in Mikrowellenprozessen ist eine Kennzahl anzustreben, die eine grundsätzliche Abschätzung ermöglicht, wie gut ein Körper eine auf ihn einfallende Leistung bezogen auf sein Volumen aufnehmen kann. Die absolute Höhe der Leistung soll dabei zunächst zweitrangig sein. Eine solche Größe ermöglicht es über die Betrachtung unter statischen Bedingungen – damit ist eine bekannte vorgegebene Feldverteilung gemeint – hinaus die Leistungsaufnahme einer Last im Vergleich zu einer anderen zu bewerten, die mit ihm um die angebotene Leistung konkurriert und im Gleichgewicht derselben Leistungsdichte ausgesetzt ist.

Dieser Aufgabe wird keine der bislang vorgestellten Größen gerecht. Das Ziel dieses Kapitel liegt daher darin, aus den bekannten Größen Kennzahlen abzuleiten, die einen solchen Volumenbezug herstellen.

Für Berechnungen in diesem Kapitel wurden beispielhaft die dielektrischen Eigenschaften von Wasser, Pflanzenöl und Silikonöl bei Raumtemperatur sowie rohem Kakao bei 60 °C herangezogen, die ein breites Spektrum dielektrischer Eigenschaften abbilden (s. Anhang A 2).

4.2   Volumenbezug von Verlustzahl und Verlustfaktor

Es wird allgemein angenommen, dass sich Stoffe mit großen Verlustzahlen ε'' und/oder großen Verlustfaktoren *tan δ* (vgl. Abschnitt 2.4.2) gut im Mikrowellenfeld erwärmen lassen. Damit diese Aussage auch für qualitative Vergleiche der volumenbezogenen Leistungsaufnahme zweier Stoffe herangezogen werden kann, müsste eine Bewertung der Leistungsaufnahme zweier Stoffe auf der Basis der beiden Kennzahlen in jedem Fall zum gleichen Ergebnis führen. Theoretisch sind allerdings Stoffe mit dielektrischen Eigenschaften vorstellbar, für die gilt, dass $\varepsilon''_1 < \varepsilon''_2$ aber *tan δ_1 > tan δ_2*, so dass eine rein qualitative Abschätzung der Absorptionsfähigkeit nicht möglich ist. In Tab. 4.1 sind beispielhaft Kombinationen – rein theoretischer Natur – angegeben, bei denen es zu einem solchen Widerspruch kommt.

Tab. 4.1: Stoffkombinationen, bei denen die Kenntnis von ε'' und tan δ nicht hinreichend klärt, welcher Stoff mehr Leistung absorbiert (f = 2,45 GHz, λ_0 = 12,2 cm).

Stoff	$\varepsilon' - \varepsilon'' i$	tan δ	Vergleich
A	4-2 i	0,5	$\varepsilon''_A < \varepsilon''_B$, tan δ_A > tan δ_B
B	30-3 i	0,1	
C	80-10 i	0,125	$\varepsilon''_C > \varepsilon''_D$, tan δ_C < tan δ_D
D	20-4 i	0,2	

Es ist also mindestens eine der beiden Kennzahlen, wenn nicht beide, ungeeignet, die Leistungsaufnahme der Stoffe qualitativ zu beschreiben. Im Folgenden soll dieser Sachverhalt näher beleuchtet werden, indem die volumenbezogene Leistungsaufnahme der Stoffe im unendlichen Halbraum (vgl. Gleichung (2.34)) betrachtet wird.

Die volumenbezogene Leistungsaufnahme an Position x mit fortschreitendem Durchdringen des unendlichen Halbraums berechnet sich durch die Ableitung von Gleichung (2.33) nach dem Ort zu:

$$P_V(x) = \frac{dP_{A,diss}(x)}{dx} = \frac{2 \cdot P_{A,0}}{s_{theo}} \cdot e^{-\frac{2 \cdot x}{s_{theo}}} \tag{4.1}$$

Um das Absorptionsvermögen unabhängig von der am Punkt x einfallenden Flächenleistungsdichte $P_A(x)$ (Gleichung (2.32)) bewerten zu können, muss auf diese Flächenleistungsdichte normiert werden:

$$\frac{P_V(x)}{P_A(x)} = \frac{2}{s_{theo}} \approx \frac{2 \cdot \pi \cdot \varepsilon''}{\lambda_0 \cdot \sqrt{\varepsilon'}} = \frac{2 \cdot \pi \cdot \sqrt{\varepsilon'} \cdot \tan\delta}{\lambda_0} \tag{4.2}$$

Betrachtet man nun die beiden Stoffe A und B aus Tab. 4.1 so wird gemäß Gleichung (4.2) Stoff A die Welle besser dämpfen als Stoff B und volumenbezogen mehr Leistung aufnehmen *trotz* niedrigerer Verlustzahl ε''. Gleichzeitig wird Stoff C die Welle besser dämpfen als Stoff D und volumenbezogen mehr Leistung aufnehmen *trotz* niedrigerem Verlustfaktor *tan δ*.

Die Kenntnis von Verlustzahl oder Verlustfaktor zweier Stoffe allein ist also nicht hinreichend, um festzustellen, welcher Stoff eine Welle besser dämpft und volumenbezogen mehr Leistung absorbiert. Eine Proportionalität von volumenbezogener Leistungsaufnahme und der Verlustzahl ε'', wie es Gleichung (2.31) suggerieren könnte, ist nur unter der Bedingung gegeben, dass ε' konstant bleibt.

Um die Fähigkeit zweier beliebiger Stoffe, einer einfallenden Flächenleistungsdichte – die bereits in das Material eingetreten ist – Energie entziehen zu können, vergleichend zu bewerten, bietet es sich vielmehr an, den stoffspezifischen Anteil aus Gleichung (4.2) $\varepsilon''/\sqrt{\varepsilon'}$ heranzuziehen, der im weiteren Verlauf als normierte Verlustzahl bezeichnet wird. Dabei gilt:

$$\tan\delta \leq \frac{\varepsilon''}{\sqrt{\varepsilon'}} \leq \varepsilon'' \tag{4.3}$$

In Abb. 4.1 sind Verlustzahl, normierte Verlustzahl und Verlustfaktor von Kakao, Pflanzenöl und Silikonöl relativ zu den entsprechenden Werten für Wasser abgebildet. Gemäß Gleichung (4.2) spiegelt die normierte Verlustzahl das Verhältnis der volumenbezogenen Leistungsaufnahme richtig wider. Abb. 4.1 zeigt, dass ein Vergleich zweier Stoffe anhand der Verlustzahl ε'' zu einer systematischen Überschätzung relativer Unterschiede in der Leistungsaufnahme führt. Im Gegensatz dazu führt ein Vergleich anhand des Verlustfaktors $tan\,\delta$ zu einer systematischen Unterschätzung relativer Unterschiede in der Leistungsaufnahme. Der Unterschied in der Verlustzahl von Öl und Wasser um den Faktor 66 wird hierdurch relativiert auf den Faktor 12.

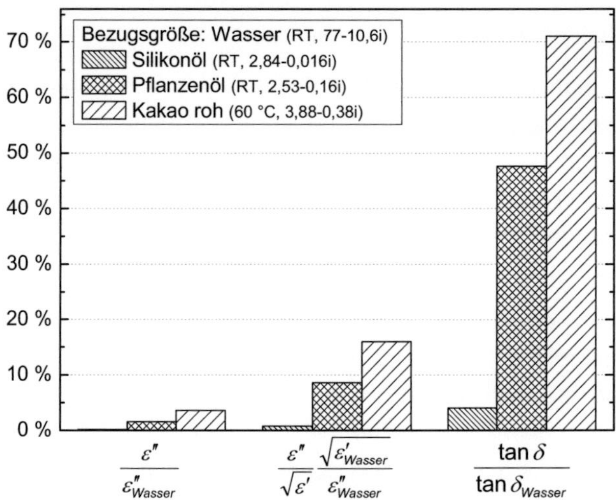

Abb. 4.1: Vergleich der Verlustzahl, der normierten Verlustzahl und des Verlustfaktors verschiedener Dielektrika im Vergleich zu Wasser bei Raumtemperatur bei 2,45 GHz.

Auf der Basis der normierten Verlustzahl $\varepsilon''/\sqrt{\varepsilon'}$ lässt sich das Absorptionsvermögen zweier Stoffe vergleichen, wenn sich die Welle bereits im untersuchten Medium bewegt. Das Volumen eines Körpers und seine Grenzflächen werden dabei bislang außer Acht gelassen.

4.3   Normierte volumenbezogene Leistungsaufnahme

Die Absorptionseffizienz nach MIE Q_{abs} sagt etwas darüber aus, wie gut eine sphärische Last eine auf sie einfallende elektromagnetische Welle absorbiert. Ein Vergleich der volumenbezogenen Leistungsaufnahme zweier Lasten ist mit ihr aber nur möglich, wenn beide Lasten dieselbe Größe haben. Sobald die Größe der Last variiert wird, steigt die Projektionsfläche der Last $A_{p,L}$ und damit die die Last treffende Leistung P mit dem Quadrat des Radius, während das Volumen V proportional mit der 3. Potenz des Radius wächst. Hierdurch geht der Volumenbezug verloren.

Um nun auch bei variierender Größe beurteilen zu können, wie gut ein Körper aus einem gegebenen Mikrowellenfeld volumenbezogen Leistung aufnimmt, liegt es nahe, die gesamte Leistungsaufnahme P der Last zu berechnen und analog zu dem Vorgehen aus dem vorangegangenen Abschnitt auf das Volumen V und die einfallende Leistungsdichte P_A zu normieren. Hierzu wird zunächst die Leistung benötigt, die in einem Wellendurchgang von der Last absorbiert wird. Diese ist das Produkt aus Wirkungsquerschnitt C_{abs} und Flächenleistungsdichte P_A:

$$P = C_{abs} \cdot P_A \tag{4.4}$$

Mit Gleichung (2.41) lässt sich dies umformen zu:

$$P = Q_{abs} \cdot A_{p,L} \cdot P_A \tag{4.5}$$

Für die volumenbezogen Leistungaufnahme ergibt sich somit:

$$P_V = \frac{Q_{abs} \cdot A_{p,L} \cdot P_A}{V} \tag{4.6}$$

Der Quotient des Volumens V und der Projektionsfläche der Last $A_{p,L}$ lässt sich interpretieren als eine mittlere Wegstrecke $\bar{s}$, die die Welle zurücklegen muss, um die Last zu durchqueren:

$$\frac{V}{A_{p,L}} = \bar{s} = \frac{\dfrac{4 \cdot \pi \cdot r^3}{3}}{\pi \cdot r^2} = \frac{4 \cdot r}{3} \tag{4.7}$$

Einsetzen von Gleichung (4.7) in Gleichung (4.6) ergibt zunächst die volumenbezogene Leistungsaufnahme:

$$P_V = \frac{Q_{abs} \cdot P_A}{\bar{s}} = \frac{3 \cdot Q_{abs} \cdot P_A}{4 \cdot r} \tag{4.8}$$

Ein Normieren auf die Flächenleistungsdichte führt schließlich zu dem gesuchten Ausdruck, der *normierten volumenbezogenen Leistungsaufnahme*:

$$\frac{P_V}{P_A} = \frac{Q_{abs}}{\bar{s}} = \frac{3 \cdot Q_{abs}}{4 \cdot r} \tag{4.9}$$

Die normierte volumenbezogene Leistungsaufnahme P_V/P_A ist somit der Quotient aus Absorptionseffizienz Q_{abs} und der mittleren Wegstrecke $\bar{s}$ durch die Last. Sie ist dimensionsbehaftet mit der Einheit m^{-1} und stellt streng genommen die Absorptionswahrscheinlichkeit der elektromagnetischen Welle je Meter Wegstrecke dar. Da sich diese Absorptionswahrscheinlichkeit aber nur auf einen Einzelkörper bezieht, kann sie nicht beliebig skaliert werden und es ist es immer nur sinnvoll, einzelne Körper paarweise miteinander zu vergleichen.

Auf diese Weise kann die Größe als Maß dafür verwendet werden, wie gut ein Körper in der Lage ist, die ihm angebotene Leistung in seinem Volumen in Wärme zu dissipieren. Die normierte volumenbezogene Leistungsaufnahme spricht in diesem Zusammenhang zwei Körpern dieselbe Leistungsaufnahme zu, wenn sie bei gleicher angebotener Leistungsdichte P_A – ungeachtet einer möglichen Inhomogenität im Körper – relativ zu ihrem Volumen dieselbe Leistung aufnehmen.

In Abb. 4.2 ist die normierte volumenbezogene Leistungsaufnahme P_V/P_A von Wasser, rohem Kakao, Pflanzenöl und Silikonöl als Funktion des Lastvolumens aufgetragen, die einige interessante Einblicke in das Absorptionsvermögen der Stoffe als Funktion des Lastvolumens ermöglicht. Die dargestellten Kurven sind vollständig quantitativ miteinander vergleichbar.

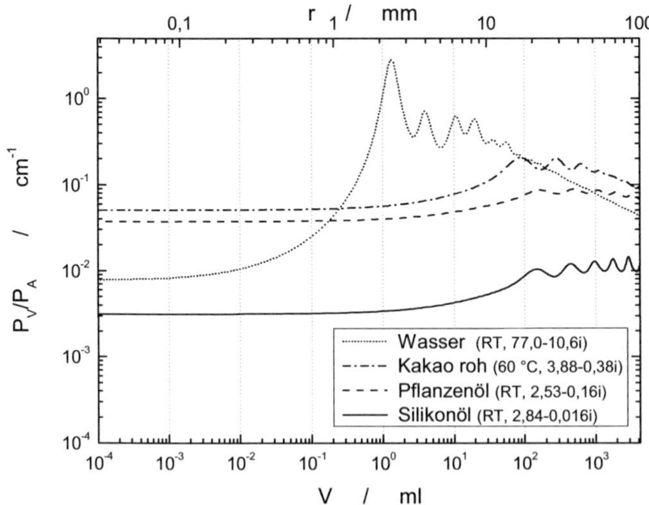

Abb. 4.2: Normierte volumenbezogene Leistungsaufnahme verschiedener Stoffe als Funktion des Probenvolumens bei 2,45 GHz (λ_0 =12,2 cm).

SCHUBERT ET AL. merkten an, dass sich kleine Körper in einem Mikrowellenfeld nur schlecht erwärmen lassen, wenn ihre charakteristische Länge deutlich unterhalb der Wellenlänge liegt [SCHUBERT, 1991]. Betrachtet man nun zunächst den Bereich kleiner Radien, so bestätigt sich diese Annahme, fällt doch die volumenbezogene Leistungsaufnahme der Körper umso weiter, je weiter man sich hin zu kleinen Radien in den RAYLEIGH-Bereich bewegt. Läuft der Radius allerdings gegen null, so strebt die volumenbezogene Absorption gegen einen Grenzwert. Sie wird also nicht beliebig klein.

Indirekt findet sich dieser Grenzwert auch in MISHCHENKO ET AL., die als Grenzwert der RAYLEIGH-Approximation [RAYLEIGH, 1897] – für beliebige Wellenlängen – eine Volumenproportionalität des Absorptions-Wirkungsquerschnitts und damit der Leistungsaufnahme angeben [MISHCHENKO, 2002]:

$$P \propto C_{abs} \underset{r \to 0}{\propto} V \tag{4.10}$$

JACKSON ET AL. beschreiben ebenfalls diese Volumenproportionalität für Mikrowellen einer Frequenz von 6,12 GHz [JACKSON, 1991].

Mit der Kenntnis dieses Grenzwertes lassen sich folgende Schlüsse aus Abb. 4.2 ableiten:

Zunächst folgt, dass sich hinreichend kleine Partikel im nm- und µm-Bereich unabhängig von ihrer Größe im Mikrowellenfeld gleichmäßig erwärmen. Für sinkende dielektrische Eigenschaften verschiebt sich dieser Grenzwertbereich hin zu größeren Partikelabmessungen. Zweitens existiert ein Übergangsbereich, in dem sich die größenabhängige volumenbezogene Leistung sehr stark ändert. Dieser Abfall der volumenbezogenen Leistungsaufnahme fällt umso stärker aus, je größer die Dielektrizitätskonstante des Mediums ist. Drittens fällt auf, dass Stoffe mit niedrigen dielektrischen Eigenschaften ihr Absorptionsvermögen vergleichsweise gut erhalten. Während die größenabhängige Absorption einer Wasserlast im MIE- und RAYLEIGH-Bereich um den Faktor 350 schwankt, reduziert sich dieser Effekt bei Kakao auf den Faktor 4, bei Pflanzenöl auf 2,4. Die Beobachtung von SCHUBERT ET AL., dass kleine Wasserlasten nur schlecht Leistung absorbieren, wird hierdurch bestätigt, für Stoffe mit niedrigen dielektrischen Eigenschaften ergeben sich gleichzeitig vollkommen neue Möglichkeiten.

Bewegt man sich aus dem Resonanzbereich in Richtung größerer Radien, so nimmt die Leistungsaufnahme wieder ab. Dies lässt sich folgendermaßen erklären:

In hinreichend großen Körpern (Voraussetzung: $\varepsilon'' > 0$) geht der Absorptionsgrad α_{theo} der Strahlung, die in den Körper eintritt, gegen eins, das heißt, sie wird vollständig absorbiert. Die Absorptionseffizienz Q_{abs} des Körpers entspricht in diesem Fall dem Anteil der in die Last eingetretenen, also nicht reflektierten Strahlung. Gemäß den Gesetzen der geometrischen Optik geht dieser Wert gegen einen Grenzwert und ist eine Funktion des Brechungsindexes n:

$$Q_{abs} \xrightarrow{\ r \to \infty\ } 1 - R(n) \tag{4.11}$$

Die Leistung, die dabei für die Dissipation zur Verfügung steht, steigt mit der Projektionsfläche der Kugel $\propto r^2$, während das zu erwärmende Volumen $\propto r^3$ anwächst. Volumenbezogen steht also zunehmend weniger Leistung zur Verfügung, die normierte volumenbezogene Leistungsaufnahme geht somit für große Radien gegen null:

$$\frac{P_V}{P_A} \xrightarrow{\ r \to \infty\ } 0 \tag{4.12}$$

Überraschenderweise sagt das hier vorgestellte Modell voraus, dass die Leistungsaufnahme von Wasserlasten nur in einem sehr engen Bereich die Leistungsaufnahme von Stoffen mit vergleichsweise niedrigen Verlustzahlen wie Pflanzenöl oder Kakao übersteigt. Das ist der Bereich, in dem mit einem großen Einfluss auftretender Resonanzen zu rechnen ist.

So sollte ein kleiner Pflanzenöltropfen ($r < 0{,}9$ mm) auch absolut mehr Leistung aufnehmen als ein vergleichbarer Wassertropfen. Ebenso verhält es sich mit großen Pflanzenöllasten, die ab einer Größe von etwas mehr als einem Liter absolut mehr Leistung aufnehmen sollten als eine gleichgroße Wasserlast.

Neben der Absorptionseffizienz Q_{abs} stellt die Mie-Theorie auch eine Streueffizienz Q_{sca} zur Verfügung, bei der analog zur normierten volumenbezogenen Leistungsaufnahme ein Volumenbezug hergestellt werden kann, indem durch die mittlere Wegstrecke $\bar{s}$ geteilt wird. Mit dieser volumenbezogenen Streueffizienz lässt sich zeigen, dass Lasten, deren charakteristische Länge klein gegenüber der Wellenlänge ist, die Fähigkeit verlieren, die Richtung des Feldes zu verändern und sich aus diesem Grund in sich homogen erwärmen. Hierdurch entfällt die Problematik von Hot und Cold Spots im Innern kleiner Lasten. Einen Einstieg in diese Diskussion gibt Anhang B 6.

4.4   Kapitelzusammenfassung

In diesem Kapitel wurde auf theoretischer Ebene untersucht, wie gut Körper in der Lage sind, auf sie einfallende Mikrowellenleistung in Bezug auf ihr Volumen zu absorbieren.

Hierzu wurde zunächst theoretisch hergeleitet, dass innerhalb zweier Medien bei gleicher Leistungsdichte weder die Verlustzahl ε'' noch der Verlustfaktor *tan* δ eine eindeutige Aussage zulassen, welches Medium die elektromagnetische Welle besser absorbiert. Vielmehr existiert eine

Proportionalität zur normierten Verlustzahl $\varepsilon''/\sqrt{\varepsilon'}$, die eng verwandt ist mit der theoretischen Eindringtiefe.

In einem zweiten Schritt wurde die normierte volumenbezogene Leistungsaufnahme P_V/P_A als Kennzahl eingeführt, die es auf theoretischer Ebene ermöglicht die volumenbezogene Leistungsaufnahme von Körpern unterschiedlicher *Größe* und *Zusammensetzung* bei gegebener Leistungsdichte zu vergleichen. In diesem Zusammenhang wurden die folgenden drei Zusammenhänge herausgearbeitet:

Erstens läuft die volumenbezogene Leistungsaufnahme für sehr kleine Körper gegen einen Grenzwert. Dieser liegt überraschenderweise für Kakao oder Pflanzenöl auch absolut höher als der des im kontinuierlichen Medium deutlich besser absorbierenden Wassers. Zweitens nehmen Stoffe mit niedrigen dielektrischen Eigenschaften angebotene Leistung als Funktion ihres Volumens sehr viel gleichmäßiger auf als vergleichbare Wasserlasten. Drittens existiert eine kritische Lastgröße ab der Pflanzenöl – trotz vergleichsweise niedriger dielektrischer Eigenschaften – absolut mehr Leistung aufnimmt als eine gleichgroße Wasserlast.

5 Quantitative Abschätzung der Leistungsaufnahme unter Konkurrenz

In Kapitel 3 wurde der Begriff der Konkurrenz bei der Mikrowellenerwärmung eingeführt. Hierbei wurde die Konkurrenz durch eine zweite Last und die Konkurrenz durch die Anlage unterschieden.

Die Konkurrenz durch eine oder mehrere Lasten führt dazu, dass sich die angebotene Leistung auf mehrere Lasten, die sich hinsichtlich ihrer stofflichen Zusammensetzung und Größe unterscheiden, verteilen muss. Verteilt sich die Leistung ungleichmäßig, so ist dies auch durch eine Optimierung des Prozessraumes nicht mehr auszugleichen. Es stellt sich nun die Frage, inwiefern die im Rahmen von Kapitel 4 herausgearbeitete Kennzahl, die normierte volumenbezogene Leistungsaufnahme P_V/P_A in der Lage ist, die Leistungsaufnahme zweier Lasten unter Konkurrenz in einem Mikrowellenofen abzuschätzen. Dies ist Gegenstand von Abschnitt 5.2.

Als zweite Konkurrenzgröße wurde die Absorption der Anlage selbst definiert. Da kein Mikrowellenprozess verlustfrei arbeitet, muss auch sie einen Einfluss auf die Leistungsdichte im Prozessraum haben. In der technischen Anwendung führt eine solche Konkurrenz zur Senkung der Effizienz, einer Größe, der bei der Auslegung eines industriellen Prozesses eine zentrale Rolle zukommt. In Kapitel 2.6.3 wurden die Beobachtungen GRÜNEBERGS zur volumen- und stoffabhängigen Effizienz von Mikrowellenprozessen unter der Berücksichtigung von Resonanzeffekten in der Last diskutiert. RISMAN führte die Abnahme der Effizienz für kleine Lebensmittellasten auf die Absorption durch die Anlage zurück und wählte als Gleichgewichtsbedingung eine konstante Leistungsdichte im Prozessraum. Die Arbeiten GRÜNEBERGS und RISMANS sollen daher in Abschnitt 5.3 in einem allgemeineren Modell, dem Treffer-Absorptions-Modell zusammengeführt werden. Die volumen- und stoffabhängige Effizienz von Haushaltsmikrowellenöfen wird hierdurch quantitativ unter der Berücksichtigung von Resonanzeffekten auf das Konkurrenzverhalten von Last und Anlage zurückgeführt.

Die für die experimentelle Bestätigung dieser Überlegungen notwendigen Versuche werden einleitend in Abschnitt 5.1 beschrieben.

5.1 Messung der durch eine Last aufgenommenen Leistung

Für die experimentelle Untersuchung des Konkurrenzverhaltens von Dielektrika wurden Wasser-, Pflanzenöl- und Silkonöllasten verschiedener Volumina in Bechergläsern einzeln und gemeinsam in Haushaltsmikrowellenöfen erwärmt und ihre Leistungsaufnahme bestimmt.

In Abschnitt 5.1.1 werden zunächst die hierzu verwendeten Mikrowellenöfen vorgestellt. In einem zweiten Schritt werden in Abschitt 5.1.2 die einzelnen Versuche erläutert. Schließlich werden in Abschnitt 5.1.3 die Formeln für die Berechnung der Leistungsaufnahme angegeben.

5.1.1 Verwendete Mikrowellenöfen

5.1.1.1 Allgemeines

Für die Versuche zur volumen- und stoffabhängigen Leistungsaufnahme mit und ohne Konkurrenz kamen zwei handelsübliche Haushaltsmikrowellenöfen zum Einsatz, die bereits in den Arbeiten GRÜNEBERGS und PERSCHS Verwendung fanden. Einige wichtige technische Daten sind Tab. 5.1 zu entnehmen. Die Kennbuchstaben C und D wurden in Einklang mit der Nomenklatur GRÜNEBERGS gewählt. Ofen D besitzt einen Drehteller, in Ofen C ist ein Modenrührer für die gleichmäßige Verteilung des Feldes zuständig. Bei Versuchen in Ofen C wurde der Drehteller aus Ofen D als Unterlage für die Proben verwendet. Dies war notwendig, um sicherzustellen, dass alle Proben einen Mindestabstand zur Wand bewahren.

Tab. 5.1: Verwendete Mikrowellengeräte [GRÜNEBERG, 1994; PERSCH, 1997].

Hersteller	Typenbezeichnung	KB	$P_{MW,HS}$ Nennleistung in W gemäß Hersteller	$P_{MW,DIN}$ Nennleistung in W, gemäß DIN 44566	Abmaße x * y * z in cm	Volumen in l
Moulinex	FM 3735	C	750	710	28x33,5x36	33
Clatronic	704	D	850	800	22x37x35	29

5.1.1.2 Nennleistung

Gemäß DIN 44566 (Nachfolgedokument DIN EN 60705) ist für die Bestimmung der Nennleistung von Haushaltsmikrowellenöfen eine 1000 ml Wasserlast zu verwenden. Aus den Daten GRÜNEBERGS [GRÜNEBERG, 1994] und den Überlegungen RISMANS [RISMAN, 1992] ist aber bekannt, dass die Effizienz eines Mikrowellenofens mit zunehmender Lastgröße steigt. Um eine möglichst hohe Nettoleistung deklarieren zu können sind viele Mikrowellenhersteller dazu übergegangen einen 2000 ml Standard zu verwenden, der eine etwa 5-15 % höhere Leistungsangabe gegenüber der DIN-Norm erlaubt [BUFFLER, 1990]. Bei den verwendeten Öfen ist nicht bekannt, welcher Standard zur Ermittlung der Nennleistung gemäß Hersteller verwendet wurde. Laut Herstellerangaben hat Ofen C eine Ausgangsleistung von 750 W, Ofen D eine Ausgangsleistung von 850 W. Da eigene Messungen sowie die Messungen von PERSCH [PERSCH, 1997] gemäß DIN 44566 deutlich niedrigere Ausgangsleistungen ergaben, ist jedoch anzunehmen, dass größere Lasten für die Leistungsbestimmung verwendet wurden.

5.1.1.3 Netzleistung

Für die Messung der aus dem Stromnetz aufgenommenen Leistung wurde ein Wattmeter (LVM 210, WSE Waldsee Electronics) mit einem Messbereich von 0 bis 4000 W verwendet. Um einen Einfluss der Netzleistungsaufnahme auf die Leistungsaufnahme der zu erwärmenden Lasten auszuschließen, musste sichergestellt werden, dass Lastgröße und Versuchsdauer keinen Einfluss auf die Leistungsaufnahme der verwendeten Mikrowellengeräte haben. Es stellte sich heraus, dass lediglich im Leerlauf ein Abfall der Leistungsaufnahme um 6 % zu beobachten war. Ansonsten war die Leistungsaufnahme sowohl für unterschiedliche Lastgrößen, als auch über die Dauer der Versuche konstant. Es war allerdings notwendig, die Mikrowellenöfen zunächst warmzufahren. Auf diese Notwendigkeit weist auch STANFORD hin [STANFORD, 1990]. Für eine detaillierte Zusammenstellung der hierfür durchgeführten Versuche und der Ergebnisse sei auf den Anhang A 4 verwiesen.

5.1.2 Versuchsdurchführung

5.1.2.1 Allgemeines

Um eine einfache integrale Bestimmung der Leistungsaufnahme der untersuchten Lasten zu ermöglichen, wurden für die Versuche Flüssigkeiten verwendet. Hier ist ein Temperaturausgleich durch einfaches Umrühren möglich.

Die Proben wurden so in Bechergläser aus Polypropylen und Polymethylpenten gefüllt, dass das Verhältnis von Füllhöhe zu Durchmesser etwa eins betrug. Eine Übersicht über die verwendeten Bechergläser kann Anhang A 3 entnommen werden.

Alle im Folgenden beschriebenen Versuche wurden, sofern nicht anders spezifiziert, sowohl in Ofen C als auch in Ofen D durchgeführt und jeweils dreimal wiederholt.

5.1.2.2 Stoffabhängigkeit der Leistungsaufnahme von Lasten unter Konkurrenz

Für die Leistungsaufnahme von Wasser und Öl unter Konkurrenz wurden eine Wasser- und eine Pflanzenöllast *gleichen* Volumens gleichzeitig im Mikrowellenofen platziert und bei voller Leistung für 90 bis 180 s erhitzt. Die Zeiten wurden in Abhängigkeit des Stoffes und des Volumens so gewählt, dass sich die stärker erwärmte Probe ausgehend von Raumtemperatur um etwa 30-40 °C erhitzt. Anfangs- und Endtemperatur ϑ_0 und ϑ_E wurden für die Leistungsberechnung protokolliert. Als Lastgrößen wurden 225 ml, 500 ml, 1000 ml und 1760 ml verwendet.

5.1.2.3 Stoff- und Volumenabhängigkeit der Leistungsaufnahme von Lasten unter Konkurrenz

Bei den Versuchen dieser Versuchsreihe wurden gleichzeitig eine 50 ml und eine 1000 ml-Last in Ofen D bei voller Leistung für 40 s erwärmt. Als Stoffkombinationen wurden die Paarungen Pflanzenöl/Wasser, Wasser/Pflanzenöl, Pflanzenöl/Pflanzenöl und Wasser/Wasser verwendet. Der erste Stoff bezeichnet hierbei jeweils die kleinere Last. Die Proben erwärmten sich hierbei von Umgebungstemperatur auf eine Endtemperatur von 30 bis 50 °C. Anfangs- und Endtemperatur ϑ_0 und ϑ_E wurden für die Leistungsberechnung protokolliert.

5.1.2.4 Stoff- und Volumenabhängigkeit der Leistungsaufnahme einzeln erhitzter Lasten

Für die Versuche zur Stoff- und Größenabhängigkeit der Leistungsaufnahme in Mikrowellenöfen wurden Wasser-, Pflanzenöl- und Silikonöllasten *einzeln* in einem Mikrowellenofen bei voller Leistung für 30–120 s erhitzt. Die Zeiten wurden in Abhängigkeit des Stoffes und des Volumens so gewählt, dass sich die Proben um 30-40 °C erhitzen. Anfangs- und Endtemperatur ϑ_0 und ϑ_E wurden für die Leistungsberechnung protokolliert. Als Lastgrößen wurden 50 ml, 125 ml, 225 ml, 330 ml und 1000 ml verwendet.

5.1.3 Berechnung der aufgenommenen Leistung

Tab. 5.2: spezifische Wärmekapazität im Temperaturbereich von 20 – 60 °C (vgl. Anhang A 2).

Stoff	c_p / $J{\cdot}g^{-1}{\cdot}K^{-1}$
Wasser	*4,18*
Pflanzenöl	*2,10*
Silikonöl	*1,55*
Polypropylen	*1,8*
Polymethylpenten	*1,8*

Die Bechergläser aus Polypropylen und Polymethylpenten hatten aufgrund einer vernachlässigbaren normierten Verlustzahl $\varepsilon'' / \sqrt{\varepsilon'}$ einen ebenso vernachlässigbaren Einfluss auf die Absorption der Mikrowellen. Da die Bechergläser aber indirekt miterwärmt wurden, musste ihre Wärmekapazität $c_{p,becher}$ und ihre Masse m'_{becher} mit in die Berechnung der Leistungsaufnahme einbezogen werden.

Für die Berechnung der aufgenommenen Leistung P der drei Stoffe Wasser ($k = 1$), Pflanzenöl ($k = 2$) und Silikonöl ($k = 3$) wurde Gleichung (5.1) verwendet.

$$P_{abs} = \left(c_{p,k} \cdot m_k + c_{p,becher} \cdot m'_{becher}\right) \cdot \frac{\vartheta_E - \vartheta_0}{\Delta t} \qquad (5.1)$$

Die für die Berechnungen verwendeten spezifischen Wärmekapazitäten c_p im relevanten Temperaturbereich können Tab. 5.2 entnommen werden.

5.2　Konkurrenz durch eine zweite Last

5.2.1　Beschreibung der Konkurrenzsituation

Zunächst einmal ist es überraschend, dass sich in der Literatur kaum Hinweise finden, was passiert, wenn man zwei Körper aus unterschiedlichen Stoffen oder unterschiedlicher Größe gleichzeitig in einem Mikrowellenofen erwärmt, zumal dies bei der Mikrowellenanwendung im Haushalt dem Normalfall entspricht.

Am besten untersucht in diesem Zusammenhang ist sicherlich das Thema „Thermal Runaway" [METAXAS, 1983; ROUSSY, 1995; KRIEGSMANN, 1992]. Hierunter versteht man, wie bereits in Abschnitt 2.6.2 eingeführt, zunehmende Erwärmungsraten infolge eines Ansteigens der Verlustzahl mit steigender Temperatur in Bereichen eines Produktes, die ohnehin in einem Gebiet erhöhter Feldstärke liegen. Ein typisches Beispiel hierfür ist der Auftauvorgang von Wasser, der die Verlustzahl je nach Zusammensetzung des untersuchten Stoffes um den Faktor 10^2-10^4 ansteigen lässt [SCHUBERT, 1991]. Noch gefrorene Bereiche haben in der Konkurrenzsituation um die angebotene Leistung im Vergleich zu bereits aufgetauten Bereichen das Nachsehen.

Eine umfangreichere Arbeit zu dem Thema vergleichender Erwärmung verschiedener Stoffe findet sich in der Literatur einzig bei ZHANG. Er beschäftigte sich in seiner Arbeit mit dem Erwärmungsverhalten rechteckiger Lasten gleichen Volumens aus verschiedenen Materialen und stellte die Hypothese auf, dass sich das relative Absorptionsverhalten zweier Lasten, die gemeinsam erhitzt werden, genauso verhält, wie das Verhältnis ihrer Leistungsaufnahme, wenn die Lasten einzeln erhitzt werden [ZHANG, 2003].

Abweichend zur Hypothese ZHANGS wird in dieser Arbeit die Hypothese vertreten, dass eine konstante Leistungsdichte P_A als Gleichgewichtsbedingung entscheidend ist für die Abschätzung der volumenbezogenen Leistungsaufnahme P_V unter Konkurrenz (Abb. 5.1).

Sofern diese Hypothese zutrifft, müsste es möglich sein, Vergleiche auf der Basis der normierten volumenbezogenen Leistungsaufnahme nach Gleichung (4.9) durchzuführen:

Eine Last 1 nimmt in einer Konkurrenzsituation demzufolge genau dann volumenbezogen mehr Leistung auf als eine Last 2, wenn ihre normierte volumenbezogene Leistungsaufnahme die der zweiten Last übersteigt:

$$P_{V,1} > P_{V,2} \quad \overset{P_{A,1} = P_{A,2} > 0}{\Longleftrightarrow} \quad \frac{P_{V,1}}{P_{A,1}} > \frac{P_{V,2}}{P_{A,2}} \tag{5.2}$$

In einem ersten Schritt soll im Folgenden zunächst untersucht werden, inwiefern diese Annahme für Lasten *gleichen Volumens* aber aus *unterschiedlichen Stoffen* zulässig ist. Anhand der Ergebnisse wird dann diskutiert, inwiefern in diesem Spezialfall die Hypothese ZHANGS mit der Hypothese dieser Arbeit kompatibel ist. In einem zweiten Schritt soll dann – abweichend zu der Arbeit ZHANGS – auch *das Volumen variiert* werden. Erneut wird zunächst die Arbeitshypothese dieser Arbeit diskutiert, um sie anschließend mit der Hypothese ZHANGS zu vergleichen.

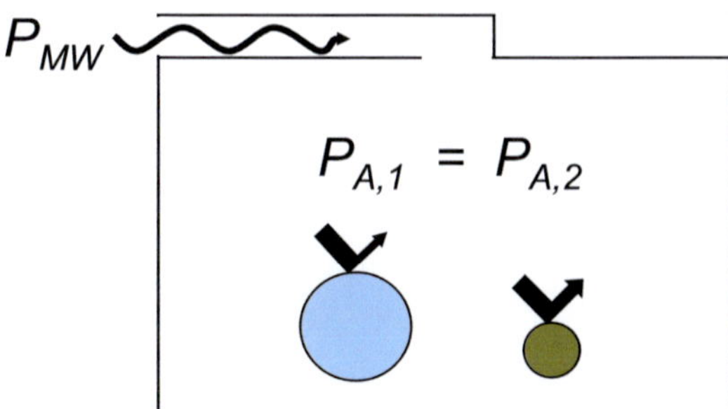

Abb. 5.1: Konkurrenz durch eine zweite Last. Beide Lasten sind derselben Flächenleistungsdichte ausgesetzt.

5.2.2 Konkurrenzverhalten von Pflanzenöl- und Wasserlasten gleichen Volumens

Für die Versuche dieses Abschnittes wurden Wasser- (1) und Pflanzen-öllasten (2) gleichen Volumens einer Größe von 225 bis 1760 ml gleichzeitig in einem Mikrowellenofen erwärmt (s. Abschnitt 5.1.2.2).

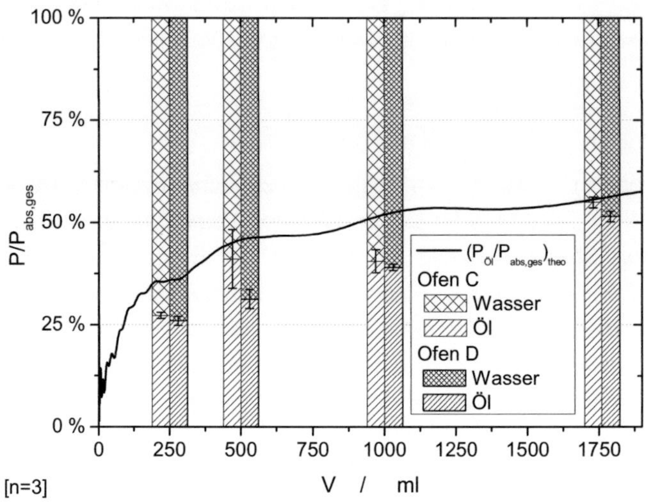

Abb. 5.2: Experimentell bestimmte anteilige Leistungsaufnahme identisch großer Wasser- und Öllasten in zwei Haushaltsmikrowellenöfen unter Konkurrenz (Balken). Vergleichend ist dieselbe Größe berechnet nach der normierten volumenbezogenen Leistungsaufnahme der beiden Stoffe bei 2,45 GHz aufgetragen (Linie).

In Abb. 5.2 ist dargestellt, wie sich die Leistung im Experiment auf die beiden Lasten verteilt. Der Wert 100 % bezieht sich auf die im jeweiligen Anwendungsfall von beiden Lasten insgesamt aufgenommene Leistung P_{abs}. Vergleichend ist derselbe Zusammenhang berechnet nach der normierten volumenbezogenen Leistungsaufnahme angegeben, formal ist dies $(P_{abs,2}/P_{abs,ges})_{theo}$:

$$\left(\frac{P_{abs,2}}{P_{abs,ges}}\right)_{theo} = \frac{V_2 \cdot \dfrac{P_{V,2}}{P_A}}{V_2 \cdot \dfrac{P_{V,2}}{P_A} + V_1 \cdot \dfrac{P_{V,1}}{P_A}} \tag{5.3}$$

Qualitativ stimmt das berechnete Verhältnis gut mit dem beobachteten Verhältnis überein, steigt doch das Verhältnis mit zunehmendem Volumen zugunsten der Öllast an. Quantitativ wird die Leistungsaufnahme des Wassers für kleine Lasten allerdings überschätzt. Hierbei könnten Abschattungseffekte eine Rolle spielen. Während das gut reflektierende und absorbierende Wasser eine Raumrichtung für das Öl komplett abschattet, ist das Öl umgekehrt dazu nicht in der Lage. Die Flächenleistungsdichte, die auf die Öloberfläche trifft ist in diesem Fall nicht mehr gleichverteilt.

Weitergehend bestätigt sich die Hypothese, dass sehr große Pflanzenöllasten auch absolut gesehen mehr Leistung aufnehmen als eine vergleichbare Wasserlast. Bei näherer Betrachtung ist dies auch aus physikalischer Sicht schlüssig: Je größer die Last, desto besser wird die Welle auch innerhalb einer schlecht absorbierenden Öllast gedämpft. Die Absorption in Wasserlast und Öllast gleicht sich also an und nimmt einen Wert nahe eins an. Aufgrund des geringeren Brechungsindexes von Fetten und Ölen bei 2,45 GHz wird aber weniger Leistung von einer Öloberfläche reflektiert, so dass bei gleicher Flächenleistungsdichte absolut gesehen in der Öllast mehr Leistung zur Verfügung steht, die dann vollständig absorbiert wird.

Es sei an dieser Stelle angemerkt, dass sich Pflanzenöl bedingt durch seine niedrigere spezifische Wärmekapazität bereits bei einer Lastgröße von 1000 ml deutlich schneller erwärmt als die vergleichbare Wasserlast. Bei der Auslegung von Mikrowellenprozessen ist dieser Wärmekapazitätseffekt zu berücksichtigen, da häufig eine gleichmäßige Erwärmungsrate eher der Zielstellung entsprechen wird als eine gleichmäßige Leistungsaufnahme (vgl. Anhang B 1).

Wie in diesem Abschnitt gezeigt werden konnte, existieren allerdings auch Szenarien, in denen absolut mehr Leistung durch die Öllast aufgenommen wird.

5.2.3 Normierte volumenbezogene Leistungsaufnahme und die Hypothese ZHANGS für das System Pflanzenöl/Wasser bei gleichem Volumen

Wenn sowohl die Arbeitshypothese dieser Arbeit als auch die ZHANGS zutreffen, so müssten beide das Konkurrenzverhalten zweier Lasten gleich vorhersagen. ZHANG behauptet, dass es zulässig sei, das relative Erwärmungsverhalten zweier Körper aus dem Erwärmungsverhalten der Einzelkörper abzuleiten [ZHANG, 2003]. Nach diesem Ansatz müsste sich die Leistungsaufnahme unter Konkurrenz $P_{V,2}/P_{V,1}$ von Pflanzenöl und Wasser direkt aus ihrem Erwärmungsverhalten ohne Konkurrenz berechnen lassen. Solche Daten finden sich in der Literatur bei BARRINGER, die die größenabhängige Leistungsaufnahme einzeln erhitzter Öl- und Wasserlasten bei Lastgrößen von 20 - 1000 ml untersuchte [BARRINGER, 1994]. Diese Daten BARRINGERS wurden analog zur Auftragung in Abb. 5.2 in eine anteilige Leistungsaufnahme von Öl- und Wasserlast umgerechnet. An dieser Stelle wird zunächst also nur der Fall $V_1 = V_2$ betrachtet. Die Daten sind in Abb. 5.3 dargestellt. Vergleichend ist wiederum die anteilige Leistungsaufnahme von Öl- und Wasserlast gemäß der normierten volumenbezogenen Leistungsaufnahme der beiden Stoffe aufgetragen.

Die Übereinstimmung des Verhältnisses der Leistungsaufnahme auf der Basis experimenteller Daten ohne Konkurrenz mit dem theoretischen Verhältnis auf der Basis der normierten volumenbezogenen Leistungsaufnahme ist ausgezeichnet, sogar besser als die Übereinstimmung mit experimentellen Daten unter Konkurrenz (vgl. Abb. 5.2).

Die Hypothese ZHANGS führt für gleich große Öl- und Wasserlasten zu demselben Ergebnis, wie das in dieser Arbeit vorgeschlagene Verhältnis auf der Basis der normierten volumenbezogenen Leistungsaufnahme.

Im folgenden Abschnitt soll nun auch das Volumenverhältnis der beiden Lasten variiert werden.

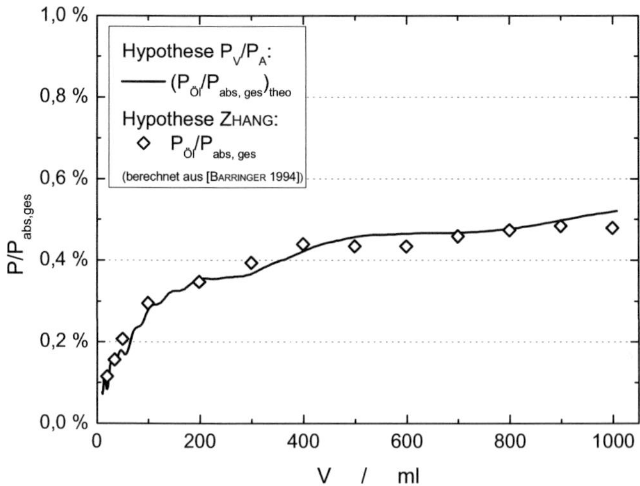

Abb. 5.3: Anteilige Leistungsaufnahme identisch großer Wasser- und Öl-lasten in zwei Haushaltsmikrowellenöfen berechnet nach der Hypothese ZHANGS aus Daten BARRINGERS [BARRINGER, 1994]. Vergleichend ist dieselbe Größe berechnet nach der normierten volumenbezogenen Leistungsaufnahme der beiden Stoffe bei 2,45 GHz aufgetragen.

5.2.4 Konkurrenzverhalten von Pflanzenöl- und Wasserlasten verschiedenen Volumens

Um das Konkurrenzverhalten von Pflanzenöl- und Wasserlasten bei unterschiedlichen Lastgrößen zu bewerten, wurde jeweils eine 50 ml und eine 1000 ml-Last in den Kombinationen Öl/Wasser, Wasser/Öl, Öl/Öl und Wasser/Wasser gleichzeitig in einem Mikrowellenofen erhitzt (s. Abschnitt 5.1.2.3).

In Abb. 5.4 ist die experimentell ermittelte volumenbezogene Leistungs-aufnahme der einzelnen Lasten aller vier Kombinationen vergleichend der theoretischen Leistungsaufnahme auf der Basis der normierten volumenbezogenen Leistungsaufnahme P_V/P_A gegenübergestellt. Um auch bei der theoretischen Betrachtung einen absoluten Wert berechnen zu können, wurde angenommen, dass die Leistungsaufnahme der beiden Lasten in der Summe der des Experimentes entspricht. Die normierte volumenbezogene Leistungsaufnahme wird in diesem Fall also nur dazu verwendet, die Leistung auf die beiden Lasten zu verteilen.

Von der Größenordnung her wird der experimentelle volumenbezogene Leistungseintrag durch die normierte volumenbezogene Leistungsaufnahme P_V/P_A gut wiedergegeben. Gegenüber einer großen Wasserlast wird die Leistungsaufnahme der kleinen Lasten allerdings systematisch überschätzt (Öl +33 % Wasser +17 %), gegenüber einer großen Öllast systematisch unterschätzt (Öl -10 % Wasser -21 %).

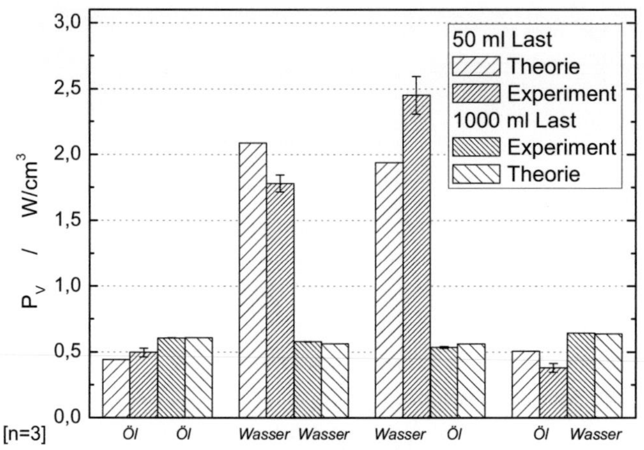

Abb. 5.4: Volumenbezogene Leistungsaufnahme einer 50 ml und einer 1000 ml Last unter Konkurrenz der Stoffkombinationen Öl/Öl, Wasser/Wasser, Wasser/Öl und Öl/Wasser im Experiment und theoretisch gemäß normierter volumenbezogener Leistungsaufnahme P_V/P_A bei 2,45 GHz (theoretische Betrachtung bei im Vergleich zum Experiment in Summe gleicher Leistungsaufnahme).

Dass die Abweichung bei großen Wasserlasten so groß ausfällt, dürfte zumindest teilweise darauf zurückzuführen sein, dass eine Raumrichtung durch die Wasserlast durch Absorption und Reflexion vollständig abgeschirmt wird. Ein Großteil ist aber sicherlich auch auf die Grenzen der Modellannahme „Kugel in homogener ebener Welle" zurückzuführen, die eine exakte quantitative Analyse an dieser Stelle nicht mehr zulässt.

Dennoch ist die normierte volumenbezogene Leistungsaufnahme auch mit einer Genauigkeit auf 20-30 % eine hilfreiche Kennzahl:

Wird in einem konkreten Mikrowellenanwendungsfall beobachtet, dass einzelne Lasten in ihrer Leistungsaufnahme enteilen, so eignet sich die normierte volumenbezogene Leistungsaufnahme dazu, zu bewerten, ob dieses Enteilen ursächlich auf das Volumen und die stoffliche Zusammensetzung des Körpers zurückzuführen ist oder aber auf prozessspezifische Größen wie eine inhomogene Feldverteilung. Während letzteres durch eine Anpassung des Prozesses behoben werden kann, ist dies in dem zuerst genannten Fall nicht zielführend. Es muss dann geprüft werden, wie das Produkt beispielsweise durch eine Klassierung, Zerkleinerung oder Konditionierung so vorbereitet werden kann, damit es sich homogener im Mikrowellenfeld erwärmt.

Inwiefern die normierte volumenbezogene Leistungsaufnahme dieses Urteil besser oder schlechter zu fällen vermag als die Hypothese ZHANGS, soll nachfolgend diskutiert werden.

5.2.5 Normierte volumenbezogene Leistungsaufnahme und die Hypothese ZHANGS bei variierenden Lastgrößen unter Konkurrenz

In Abschnitt 5.2.3 wurde gezeigt, dass unter Annahme gleicher Volumina die Überlegungen ZHANGS und das Vorgehen dieser Arbeit zu demselben Ergebnis bezüglich der Leistungsaufnahme zweier Lasten unter Konkurrenz führen. Im Folgenden soll nun geprüft werden, inwiefern dies auch für sich unterscheidende Lastgrößen zutrifft.

Verglichen wurde jeweils die Leistungsaufnahme einer 50 ml und einer 1000 ml-Last der Stoffkombinationen Wasser/Öl, Öl/Wasser, Öl/Öl und Wasser/Wasser (s. 5.1.2.3).

Als Vergleichsgröße wurde das Verhältnis der volumenbezogenen Leistungsaufnahme der 50 ml Last gegenüber der volumenbezogenen Leistungsaufnahme der 1000 ml Last gewählt. Für die Berechnung dieser relativen volumenbezogenen Leistungsaufnahme wurden für die Hypothese ZHANGS wiederum die Daten BARRINGERS einzeln im Mikrowellenfeld erhitzter Öl- und Wasserlasten herangezogen [BARRINGER, 1994]. Die Basisdaten für das experimentelle Verhältnis sind dieselben wie in Abb. 5.4. Das Verhältnis gemäß normierter volumenbezogener Leistungsaufnahme ist rein theoretischer Natur:

$$\left(\frac{P_{V,50\,ml}}{P_{V,1000\,ml}} \right)_{theo} = \frac{\dfrac{P_{V,50\,ml}}{P_A}}{\dfrac{P_{V,1000\,ml}}{P_A}} \tag{5.4}$$

Es sei an dieser Stelle vorweggenommen, dass anders als bei der Annahme gleicher Volumina (vgl. Abb. 5.3) beide Hypothesen zu grundsätzlich unterschiedlichen Ergebnissen führen. In Abb. 5.5 wird das experimentell ermittelte Verhältnis den theoretisch bestimmten Verhältnissen gegenübergestellt.

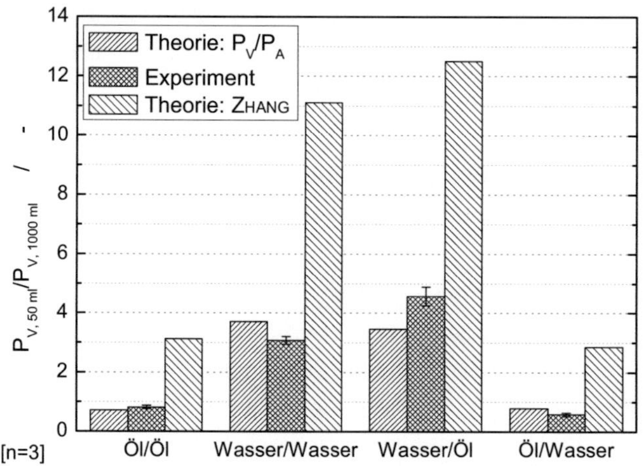

Abb. 5.5: Experimentell ermittelte relative volumenbezogene Leistungsaufnahme einer 50 ml Last gegenüber einer 1000 ml Last der Stoffkombinationen Öl/Öl, Wasser/Wasser, Wasser/Öl und Öl/Wasser im Vergleich zur theoretischen Betrachtung gemäß normierter volumenbezogener Leistungsaufnahme P$_V$/P$_A$ und nach der Hypothese Z$_{HANGS}$ berechnet aus den Daten B$_{ARRINGERS}$ [B$_{ARRINGER}$, 1994].

Während das in dieser Arbeit vorgeschlagene Konzept, die Größenordnung des Unterschiedes in der volumenbezogenen Leistungsaufnahme korrekt vorhersagt, versagt der Ansatz ZHANGS – die relative Leistungsaufnahme der kleineren Last wird konsequent, um den Faktor 2,5-5 überschätzt.

Um zu verstehen, an welcher Stelle der Ansatz ZHANGS versagt, betrachte man zwei Lasten mit $V_1 \ll V_2$. Wird das Volumen V_1 gemeinsam mit dem Volumen V_2 erhitzt, so richtet die sich einstellende Leistungsdichte primär nach V_2, und wird ziemlich genau der Leistungsdichte entsprechen, die sich auch einstellt, wenn V_2 alleine erhitzt wird. V_2 wird also mit und ohne Konkurrenz ähnlich viel Leistung aufnehmen. Wird V_1 alleine erhitzt, so wird die Leistungsdichte im Prozessraum gegenüber dem Konkurrenzfall deutlich ansteigen, da sie nicht mehr durch die Leistungsabsorption von V_2 gestört wird. Die Leistungsaufnahme von V_1 steigt. Somit ist das Verhältnis der Leistungsaufnahme im Konkurrenz- und im Nicht-Konkurrenzfall nicht mehr identisch, die Absorption der kleinen Last wird, wie in Abb. 5.10 gesehen, deutlich überschätzt.

Diese Argumentation gilt im Übrigen nicht nur für sich stark unterscheidende Volumen, sondern kann anlog auch für sich deutlich unterscheidende normierte Verlustzahlen $\varepsilon''_1 / \sqrt{\varepsilon'_1} \ll \varepsilon''_2 / \sqrt{\varepsilon'_2}$ geführt werden.

Die Hypothese ZHANGS bestätigt sich also nur für den Spezialfall gleicher Volumina bei sich nicht zu stark unterscheidenden dielektrischen Eigenschaften. In der Breite versagt der einfache Ansatz ZHANGS. Im Gegensatz hierzu kann der in Kapitel 4 erarbeitete Ansatz auf der Basis der normierten volumenbezogenen Leistungsaufnahme im spezifischen Anwendungsfall auch bei sich deutlich unterscheidenden Lastgrößen eine sinnvolle Hilfestellung geben, das Konkurrenzverhalten dielektrischer Lasten in Mikrowellenprozessen abzuschätzen. In der Breite gestattet es gleichzeitig einen grundsätzlichen Überblick über das Absorptionsverhalten eines Stoffes als Funktion seines Volumens und ermöglicht so eine verbesserte Deutung beobachteter Phänomene.

5.3   Konkurrenz durch die Anlage

5.3.1   Beschreibung der Konkurrenzsituation

Unter dem Oberbegriff Konkurrenz der Anlage werden alle Verlustarten zusammengefasst, die nicht unmittelbar zur Erwärmung des Produktes beitragen und somit die Effizienz des Prozesses senken. Folgende fünf Verlustarten sind hierbei zu unterscheiden:

$$E_{anl} = E_{refl} + E_{wand} + E_{diel} + E_{pla} + E_{leck}$$ (5.5)

Schematisch werden diese Verlustarten in Abb. 5.6 dargestellt. Erstens wird ein Teil der Leistung aus dem Prozessraum zurück in den Speise-hohlleiter reflektiert und kann entweder das Magnetron erhitzen oder wird bewusst über einen Zirkulator an einen Absorber ausgeschleust, um das Magnetron zu schützen. Zweitens kann es zu Verlusten durch Wandströme an elektrisch leitfähigen Oberflächen kommen. Drittens kommt es zu dielektrischen Verlusten an nicht leitenden Einbauten und Oberflächenbeschichtungen, die ihrerseits eine Last darstellen und sich erwärmen. Viertens kann es bei hohen Leistungsdichten zu Verlusten durch Plasmabildung kommen, wenn im Prozessraum eine kritische Feldstärke überschritten wird. Schließlich kann durch eine Leckage Leistung verloren gehen. Eine detaillierte Diskussion der Verlustmecha-nismen kann Anhang B 2 entnommen werden.

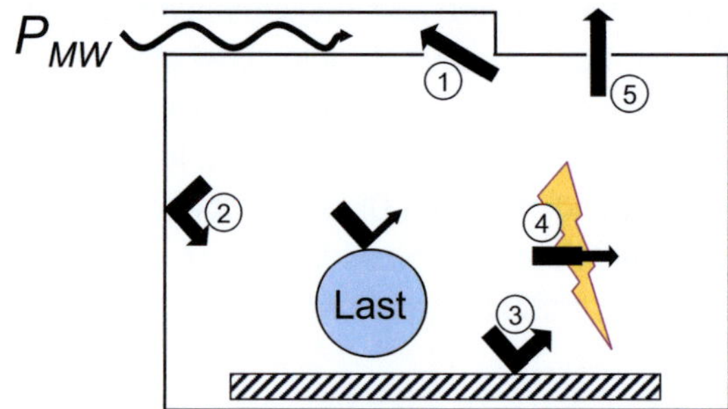

Abb. 5.6: Konkurrenz durch die Anlage: (1) Reflexion, (2) Wandströme, (3) dielektrische Verluste, (4) Plasma, (5) Leckage.

Diese Verluste fallen umso größer aus, je weniger die Last in der Lage ist, erfolgreich mit der Anlage um die Leistung zu konkurrieren, und führen zu den typischen in Abschnitt 2.6.3.3 vorgestellten Lastkurven.

Es wurden zwei Modelle vorgestellt, die sich dazu eignen, diesen Effizienzabfall in Haushaltsmikrowellenöfen für kleine Lasten zu beschreiben. Das Rismanmodell setzt dabei auf eine konstante Leistungsdichte als Gleichgewichtsbedingung zwischen der Absorption in Anlage und Last, erlaubt aber weder einer Variation der dielektrischen Eigenschaften noch eine Berücksichtigung von Resonanzeffekten. Das Modell GRÜNEBERGS kann diese Resonanzen und Stoffabhängigkeiten berücksichtigen, es fehlt aber die quantitative Beschreibung der Absorption der Anlage, die im Güteparameter C nur qualitativ zum Ausdruck kommt

In diesem Abschnitt wird ein Modell entwickelt, das die quantitative Berücksichtigung von Anlagenverlusten wie bei RISMAN mit der Berücksichtung von Stoffabhängigkeiten und Resonanzeffekten wie bei GRÜNEBERG verbindet. Hierzu ist es zunächst notwendig, sich ein anschauliches Bild der Mikrowellenabsorption in einem Resonanzraum zu machen:

Mikrowellen treten durch eine Öffnung ein und bewegen sich durch den Prozessraum. Ein Teil der Mikrowellen trifft die Last nicht direkt, wird allerdings von Metalloberflächen reflektiert und „findet die Last früher oder später". Auch die Last selbst reflektiert einen Teil der Mikrowellen, typischerweise in der Größenordnung 50 %. Diese Mikrowellen werden wiederum von den Wänden reflektiert und kehren größtenteils zum Produkt zurück [RISMAN, 1992].

Bereits ERLE wies darauf hin, dass die Leistungsaufnahme kleiner Lasten bei Nichtberücksichtigung von Reflexionen unterschätzt werden kann und dann Anpassungsparameter notwendig sind, die Mehrfachreflexionen explizit berücksichtigen [Erle, 2000a].

Der Schlüssel liegt also darin, das Modell von GRÜNEBERG um die Reflexion im Resonanzraum zu erweitern. Es soll also zulässig sein, dass eine Welle, die nach der ersten Durchquerung des Resonanzraumes nicht komplett absorbiert wurde, reflektiert wird und sich in weiteren Wellendurchgängen sukzessive abschwächt.

Hierzu wird ein Modell entwickelt, das die Leistungsaufnahme von Last und Anlage auf wahrscheinlichkeitstheoretischer Grundlage beschreibt, im weiteren als Treffer-Absorptions-Modell bezeichnet.

In einem ersten Schritt folgt die detaillierte Herleitung des Treffer-Absorptions-Modells zu Beschreibung der lastabhängigen Effizienz von Mikrowellenprozessen (Abschnitt 5.3.2).

In einem zweiten Schritt werden dann eigene Daten zur lastabhängigen Effizienz von Mikrowellenöfen präsentiert (Abschnitt 5.3.3) und anhand dieser Daten das Treffer-Absorptions-Modell überprüft (Abschnitt 5.3.4).

Nach der Diskussion der Qualität der Modellierung (Abschnitt 5.3.5) wird dann in einem dritten Schritt die Konsistenz des Modells mit Literaturdaten getestet (Abschnitt 5.3.6).

In einem vierten Schritt folgt in Abschnitt 5.3.7 die Herleitung des Zusammenhangs zwischen der Güte G des Treffer-Absorptions-Modells und dem klassischen Q-Faktor aus Abschnitt 2.5.5.

Schließlich werden die Grenzwerte des Treffer-Absorptions-Modells für große und kleine Lasten sowie effiziente und ineffiziente Mikrowellenresonanzräume gebildet, mit dem Ziel, hieraus Auslegungskriterien für den Bau effizienter Mikrowellenanlagen abzuleiten (Abschnitt 5.3.8).

5.3.2   Das Treffer-Absorptions-Modell – Modellbildung

Die Grundidee des Treffer-Absorptions-Modells besteht darin, dass nur das, was von einer Mikrowelle getroffen wird, diese auch absorbieren kann. Eine Mikrowelle, die sich durch den Prozessraum bewegt, *trifft* einen Körper oder eine Grenzfläche, wird teilweise *absorbiert,* schwächt sich dadurch ab und bewegt sich weiter, um sich ein neues Ziel zu suchen, das sie *treffen* kann und von dem sie teilweise *absorbiert* wird, bis sie schließlich, nach mehreren *Treffern,* praktisch vollkommen *absorbiert* worden ist.

Typische Mikrowellenlasten absorbieren sehr gut in dem Fall, dass sie getroffen werden, doch ist die Trefferwahrscheinlichkeit im Prozessraum vergleichsweise gering. Die Leistungsaufnahme einer Last im Mikrowellenofen ist dadurch *trefferlimitiert.*

Auf Anlagenseite kehrt sich dies um. Die Anlage wird ständig – in jedem Wellendurchgang – von den Mikrowellen getroffen, doch absorbiert sie diese kaum. Die Leistungsaufnahme der Anlage in einem Mikrowellenprozess ist *absorptionslimitiert*.

Bei sehr kleinen Lasten ist die Trefferwahrscheinlichkeit zunächst so gering, dass die Last kaum von ihrer guten Absorptionsfähigkeit profitieren kann. Mit steigender Lastgröße steigt die Trefferwahrscheinlichkeit der Last an und sie konkurriert zusehends erfolgreicher mit der Anlage um die angebotene Mikrowellenleistung, bis sie bei sehr großen Lasten schließlich den Prozess dominiert. Nachfolgend sollen diese Grundüberlegungen im Treffer-Absorptions-Modell wahrscheinlichkeitstheoretisch umgesetzt werden. Die Zusammenhänge zwischen den verwendeten Wahrscheinlichkeiten sind schematisch in den Abb. 5.7 und Abb. 5.8 dargestellt.

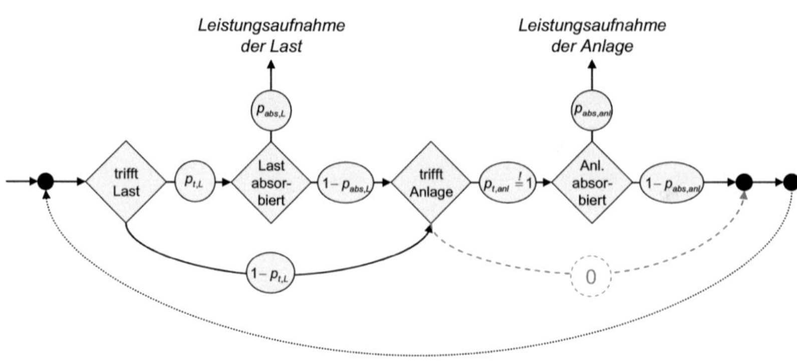

Abb. 5.7: *Definition der Einzelwahrscheinlichkeiten im Treffer-Absorptions-Modell. Die formal existierende Trefferwahrscheinlichkeit der Anlage $p_{t,anl}$ ist 1, da alle Photonen, sofern sie nicht absorbiert wurden, vor einem erneuten Wellendurchgang von der Anlage reflektiert werden müssen.*

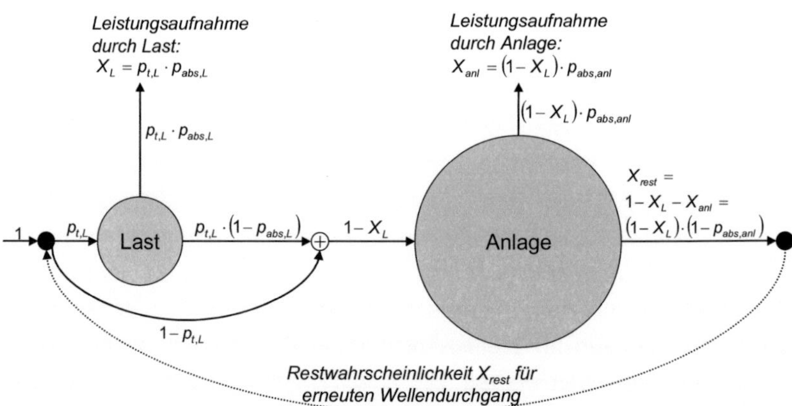

Abb. 5.8: Bilanzierung der Wahrscheinlichkeiten im Treffer-Absorptions-Modell. Die Restwahrscheinlichkeit X_{rest} ergibt sich aus der Bilanzierung des Gesamtgraphen.

Mikrowellen lassen sich wie jede elektromagnetische Welle auch quantisiert betrachten. Bewege sich ein Photon durch einen beladenen Mikrowellenraum, so sei die Wahrscheinlichkeit, dass ein Photon den Querschnitt der Last trifft, definiert als $p_{t,L}$. Diese Wahrscheinlichkeit sagt noch nichts darüber aus, wie groß die Wechselwirkungs- bzw. Absorptionswahrscheinlichkeit im Falle eines Treffers ausfällt. Diese Wahrscheinlichkeit, eine Absorptionsrate, sei gegeben durch $p_{abs,L}$. Die Gesamtwahrscheinlichkeit X_L, dass ein Photon in einem Wellendurchgang durch die Last absorbiert wird, berechnet sich aus dem Produkt dieser beiden Wahrscheinlichkeiten zu:

$$X_L = p_{t,L} \cdot p_{abs,L} \tag{5.6}$$

Alle Photonen die in dem betrachteten Wellendurchgang nicht von der Last absorbiert worden sind werden in diesem Durchlauf zwangsweise die Anlage treffen. Die Gesamtwahrscheinlichkeit, dass die Anlage in einem Wellendurchgang getroffen wird, stellt somit die Gegenwahrscheinlichkeit zur Wahrscheinlichkeit der Absorption der Welle durch die Last in dem betrachteten Wellendurchgang dar (s. Abb. 5.8):

$$1 - X_L = 1 - p_{t,L} \cdot p_{abs,L} \tag{5.7}$$

Die mittlere Absorptionswahrscheinlichkeit an der Wand im Falle eines Treffers sei gegeben durch $p_{abs,anl}$. Die Gesamtwahrscheinlichkeit X_{anl}, dass ein Photon in einem Wellendurchgang durch die Anlage absorbiert wird, ergibt sich somit aus dem Produkt der Wahrscheinlichkeit, dass ein Photon in einem Wellendurchgang nicht von der Last absorbiert wurde $1\text{-}X_L$ und der Absorptionswahrscheinlichkeit der Anlage $p_{abs,anl}$:

$$X_{anl} = \left(1 - X_L\right)\cdot p_{abs,anl} \tag{5.8}$$

Die Wahrscheinlichkeit X_{rest}, dass ein Photon einen Durchlauf durch den Prozessraum ohne Absorption überdauert und für einen weiteren Wellendurchgang zur Verfügung steht, ergibt sich durch Bilanzierung der Wahrscheinlichkeiten zu (s. Abb. 5.8):

$$X_{rest} = 1 - X_L - X_{anl} \tag{5.9}$$

Sie stellt somit die Gegenwahrscheinlichkeit zur Absorption der elektromagnetischen Welle durch Last und Anlage in einem Wellendurchgang dar. Durch Einsetzen der Gleichungen (5.7) und (5.8) in Gleichung (5.9) kann diese Restwahrscheinlichkeit X_{rest} als Funktion der Einzelwahrscheinlichkeiten $p_{t,L}$, $p_{abs,L}$ und $p_{abs,anl}$ ausgedrückt werden

$$X_{rest} = 1 - p_{t,L}\cdot p_{abs,L} - \left(1 - p_{t,L}\cdot p_{abs,L}\right)\cdot p_{abs,anl} \tag{5.10}$$

Betrachtet man nun mehrfache Wellendurchgänge, so beläuft sich die Absorptionswahrscheinlichkeit in der Last im 1-ten Durchlauf, in dem noch die gesamte Leistungsdichte zur Verfügung steht ($X_{rest} = 1$), auf

$$p_{L,1} = p_{t,L}\cdot p_{abs,L}\cdot 1 = p_{t,L}\cdot p_{abs,L}\cdot X_{rest}^{0} \tag{5.11}$$

im 2-ten Durchlauf auf

$$p_{L,2} = p_{t,L}\cdot p_{abs,L}\cdot X_{rest}^{1} \tag{5.12}$$

...

und im *n-ten* Durchlauf auf

$$p_{L,n} = p_{t,L}\cdot p_{abs,L}\cdot X_{rest}^{n-1} \tag{5.13}$$

Die Gesamtwahrscheinlichkeit, dass ein Photon von der Last absorbiert wird, ergibt sich durch die Summe aller Glieder zu:

$$p_{L,ges} = \sum_{n=1}^{\infty} p_{t,L} \cdot p_{abs,L} \cdot X_{rest}^{n-1} \tag{5.14}$$

Diese Reihe lässt sich als geometrische Reihe darstellen mit

$$a_0 = p_{abs,L} \cdot p_{t,L} \tag{5.15}$$

und

$$k = X_{rest} = 1 - p_{t,L} \cdot p_{abs,L} - \left(1 - p_{t,L} \cdot p_{abs,L}\right) \cdot p_{abs,anl} \qquad |k| < 1 \tag{5.16}$$

womit sich der Grenzwert der Reihe ergibt zu:

$$p_{L,ges} = \lim_{n \to \infty} \sum_{i=0}^{n} a_0 \cdot k^i = \frac{a_0}{1-k}$$

$$= \frac{p_{abs,L} \cdot p_{t,L}}{p_{t,L} \cdot p_{abs,L} + \left(1 - p_{t,L} \cdot p_{abs,L}\right) \cdot p_{abs,anl}} \tag{5.17}$$

Interpretiert man den Ausdruck *(1–$p_{t,L}$·$p_{abs,L}$)* als Gesamtanlagentreffer-wahrscheinlichkeit eines Wellendurchgangs, so entspricht Gleichung (5.17) formal genau dem Modell RISMANS (vgl. Gleichung (2.54)), zumal die Oberflächen im Rismanmodell normiert auf die Gesamtoberfläche einfach als Trefferwahrscheinlichkeiten zu interpretieren sind.

Im Treffer-Absorptions-Modell ist somit eine konstante Leistungsdichte implizit als Gleichgewichtsbedingung enthalten. Es ergänzt somit sinnvoll die Ergebnisse zum Konkurrenzverhalten zweier Körper aus dem vorangegangenen Abschnitt, in denen ebenfalls eine konstante Leistungsdichte als Gleichgewichtsbedingung eine tragende Grundannahme darstellt.

Die zu wählenden Wahrscheinlichkeiten orientieren sich abweichend vom Modell RISMANS zur Berücksichtigung der Stoffabhängigkeit und von Resonanzeffekten am Modell GRÜNEBERGS:

Sei analog zum Modell nach GRÜNEBERG $A_{p,L}$ der charakteristische Querschnitt der Last sowie $A_{p,MW}$ der charakteristische Querschnitt des Mikrowellenofens, so beträgt die Wahrscheinlichkeit, dass ein Mikrowellenphoton in einem Wellendurchgang auf die Last trifft:

$$p_{t,L} = \frac{A_{p,L}}{A_{p,MW}} \tag{5.18}$$

Die Wahrscheinlichkeit, dass ein Photon, das die Last trifft, von der Last absorbiert wird, sei weiterhin gegeben durch die MIE'sche Absorptionseffizienz (vgl. Gleichung (2.35)-(2.40)):

$$p_{abs,L} = Q_{abs}\left(r(V), \varepsilon\right) \tag{5.19}$$

Die Wahrscheinlichkeit, dass das Photon im Falle eine Treffers von der Wand – oder etwas umfassender definiert, vom Gerät – absorbiert wird, sei gegeben durch:

$$p_{abs,anl} = \frac{1}{G} \tag{5.20}$$

Der Faktor G im Treffer-Absorptions-Modell ist somit analog zum Faktor C des Grünebergmodells ein gerätespezifischer Gütefaktor, der mit zunehmender Güte des Prozessraumes steigt. Die Absorptionswahrscheinlichkeit gemäß Gleichung (5.20) beschreibt die mittlere Wahrscheinlichkeit, dass ein Photon nach einer Interaktion mit einer Grenzfläche des Prozessraums nicht mehr für die Absorption in der Last zur Verfügung steht. Dies kann ein direkter Wandverlust sein, es kann sich allerdings auch um eine Reflexion zum Magnetron oder die Absorption durch Einbauten oder eine Leckage handeln. Die Gesamtwahrscheinlichkeit, dass die Last die zur Verfügung gestellte Energie auch absorbiert, ergibt sich durch Einsetzen der Wahrscheinlichkeiten aus den Gleichungen (5.18) bis (5.20) in Gleichung (5.17) zu

$$p_{L,ges} = \frac{P}{P_{MW}} = \frac{Q_{abs} \cdot \dfrac{A_{p,L}}{A_{p,MW}}}{\dfrac{A_{p,L}}{A_{p,MW}} \cdot Q_{abs} + \left(1 - \dfrac{A_{p,L}}{A_{p,MW}} Q_{abs}\right) \cdot \dfrac{1}{G}} \tag{5.21}$$

oder nach Umformung übersichtlicher zu

$$p_{L,ges} = \frac{P}{P_{MW}} = \frac{1}{1 + \left(\dfrac{A_{p,MW}}{Q_{abs} \cdot A_{p,L}} - 1\right)\dfrac{1}{G}} \tag{5.22}$$

dem *Treffer-Absorptions-Modell*. Für $G \to \infty$, oder unendlich große Güte, geht der Anteil der von der Last absorbierten Leistung gegen eins. Je schlechter die Güte des Prozessraums, desto schlechter ist er insbesondere für die Erwärmung von kleinen Lasten mit niedrigen dielektrischen Eigenschaften geeignet.

In Abb. 5.9 sind Messdaten GRÜNEBERGS den Anpassungen nach dem Treffer-Absorptions-Modell gegenübergestellt. Als Anpassungsparameter wurde zunächst $G = 110$ gewählt. Die mittlere Absorptionswahrscheinlichkeit an einer Grenzfläche des Gerätes ergäbe sich hieraus rechnerisch zu 0,9 %.

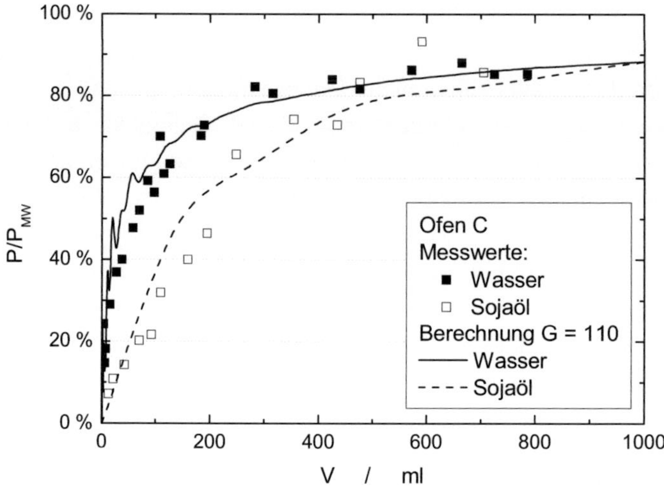

Abb. 5.9: Anpassung der Daten GRÜNEBERGS nach dem Treffer-Absorptions-Modell (vgl. Abb. 2.12).

Zunächst einmal zeigt sich, dass das Treffer-Absorptions-Modell dazu geeignet ist, die beobachteten Kurvenformen der Lastkurven zu beschreiben. Ein Problem in den Daten GRÜNEBERGS liegt allerdings darin, dass GRÜNEBERG für die verfügbare Mikrowellenleistung P_{MW} eine Leistungsmessung nach DIN 44566 (Nachfolgedokument DIN EN 60705) verwendete, die die physikalisch verfügbare Ausgangsleistung nur unzureichend widerspiegelt [GRÜNEBERG, 1994]. Vielmehr soll über diese Norm eine Leistungsgröße ermittelt werden, die in einem Haushaltsmikrowellengerät unter üblichen Bedingungen im Produkt in Wärme umgesetzt werden kann. GRÜNEBERG überschätzt hierdurch die Effizienz der Leistungsumwandlung im Produkt und die über $P_{MW,DIN}$ normierten

Daten liegen systematisch zu hoch. Ein Leistungswert aus einem 2000 ml-Test liegt zwar näher an der physikalisch verfügbaren Leistung (vgl. Abschnitt 5.1.1.2), doch auch unter diesen Bedingungen wird der Ofen nicht vollkommen verlustfrei arbeiten. Die physikalisch verfügbare Ausgangsleistung P_{MW} ist somit mit Sicherheit noch einmal höher anzusetzen.

Da die physikalisch verfügbare Ausgangsleistung P_{MW} nicht ohne weiteres experimentell bestimmt werden kann, stellt sie neben der Güte G einen Anpassungsparameter des Modells dar.

Für die Ermittlung der Ausgangsleistung P_{MW} ist weiterhin eine Schranke nach oben zu beachten. Sie kann nicht oberhalb der aus dem Netz aufgenommenen Leistung P_{netz} liegen. Schon ein Leistungswert oberhalb eines 80 %-Niveaus der Netzleistung wäre zu hinterfragen, da dies im Widerspruch zu bekannten Magnetronwirkungsgraden aus der Literatur stünde (vgl. Abschnitt 2.6.3).

In den nachfolgenden Abschnitten soll nun das Treffer-Absorptions-Modell anhand eigener Messdaten überprüft werden.

5.3.3 Experimentelle Daten zur volumen- und stoffabhängigen Leistungsaufnahme

Für die Validierung des Modells wurde in eigenen Experimenten die volumenabhängige Leistungsaufnahme von Wasser, Pflanzenöl und Silikonöl in den beiden Mikrowellenöfen C und D bestimmt. Alle Lasten wurden einzeln erhitzt (vgl. Abschnitt 5.1.2.4). Die Ergebnisse sind in Abb. 5.10 dargestellt. Beide Lastkurven verlaufen qualitativ sehr ähnlich. Quantitativ neigen große, gut absorbierende Lasten zu einer höheren Leistungsaufnahme in Ofen D.

Diese Beobachtung steht in Einklang mit der Nennleistung der Hersteller, die für Ofen D mit 850 W deutlich oberhalb der Nennleistung von Ofen C 750 W liegt. Hinsichtlich der aufgenommenen Leistung unterscheiden sich beide Mikrowellenöfen kaum und nehmen im warmgefahrenen Zustand etwa 1250 - 1300 W aus dem Netz auf. Diese Bruttonetzleistung schließt neben dem Betrieb des Magnetrons die Leistungsaufnahme von Beleuchtung, Drehteller, Modenrührer, Lüftung und sonstiger Elektronik ein und lässt sich somit nur zur Bewertung der Energie-

effizienz des Gesamtsystems, nicht aber der des Magnetrons heran-
ziehen. So gesehen arbeitet Ofen D bezogen auf das Gesamtsystem
effizienter. Davon ausgehend, dass die Effizienz der Energieumwand-
lung im Magnetron in Mikrowellen in keinem Fall oberhalb von 80 % liegt,
wird die angebotene Mikrowellenleistung P_{MW} auf der Basis der
Netzleistung für beide Mikrowellenöfen nach oben durch ca. 1000 W
beschränkt. Ein Wert unter 900 W ist wahrscheinlich.

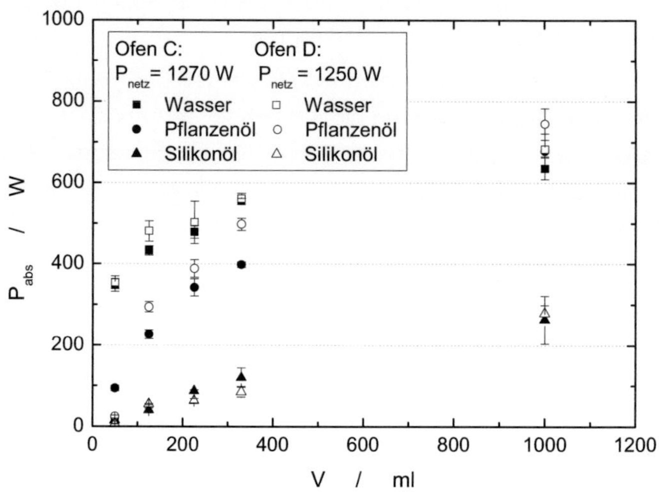

*Abb. 5.10: Volumenabhängige Leistungsaufnahme von Wasser, Pflanzenöl
und Silikonöl in zwei Haushaltsmikrowellengeräten.*

5.3.4   Untersuchung der Parameter P_{MW} und G im Treffer-Absorptions-Modell

5.3.4.1   Voraussetzungen für die Zulässigkeit der Modellannahmen

Im Treffer-Absorptions-Modell gibt es zwei Modellparameter P_{MW} und G,
die beide nach der Modellannahme gerätespezifisch sind. Anhand
experimenteller Daten für die drei Stoffe Wasser, Pflanzenöl und
Silikonöl und unterschiedliche Volumina werden im Folgenden die
beiden Modellgrößen mit der Methode der kleinsten Quadrate geschätzt.
Zur Bestimmung optimaler Modellparameter muss die Summe der
Fehlerquadrate (QS) zwischen experimentellen Daten und den in

Parametervariation modellierten Daten minimiert werden. Die formale Beschreibung dieses Optimierungsproblems ist dem Anhang B 3 zu entnehmen. In der Bewertung der Optimierung werden die Fehlerquadratsumme über alle verfügbaren Daten eines Ofens QS_{ges} und die stoffspezifische Fehlerquadratsumme QS_k unterschieden. Der Index k wird im weiteren Verlauf des Abschnitts für die verschiedenen Stoffe, der Index j für die verschiedenen Volumina verwendet.

Die Modellannahmen für die Parameter P_{MW} und G gelten als zulässig, wenn im Rahmen der Messgenauigkeit

(1) die angebotene Mikrowellenleistung P_{MW} im Optimum physikalisch plausibel ist und

(2) der Güteparameter G im Optimum im weiteren Sinne lastunabhängig und damit gerätespezifisch ist.

In einem ersten Schritt wird auf der Basis der Messdaten aus Abschnitt 5.3.3 zunächst die angebotene Mikrowellenleistung P_{MW} der beiden verwendeten Öfen abgeschätzt und auf Zulässigkeit und Plausibilität überprüft. Im Anschluss daran wird die Güte G der beiden Öfen bestimmt und diskutiert.

5.3.4.2 Die angebotene Mikrowellenleistung P_{MW}

In Abb. 5.11 ist die Summe der Fehlerquadrate QS_{ges} (Gleichung (B.7)) für beide Öfen als Funktion der Güte G für unterschiedliche Mikrowellenausgangsleistungen P_{MW} angegeben. Für jede Mikrowellenausgangsleistung P_{MW} existiert ein eindeutiges Minimum der Fehlerquadratsumme. Vergleicht man nun diese Minima miteinander, wird die Fehlerquadratsumme bei einer Mikrowellenausgangsleistung von 800-825 W in Ofen C und von 900-925 W in Ofen D minimal. In einem Bereich von etwa ± 25 W um dieses Optimum verändern sich die Fehlerquadratsumme und damit die statistische Qualität der Modellierung nur unwesentlich. Außerhalb dieses Bereiches steigt der Fehler dann schnell an. Man betrachte nun die Fehlerquadratsummen für Ofen C. Sowohl bei einer Mikrowellenausgangsleistung nach DIN 44566 als auch gemäß Herstellerangaben sinkt die Qualität der Modellierung deutlich.

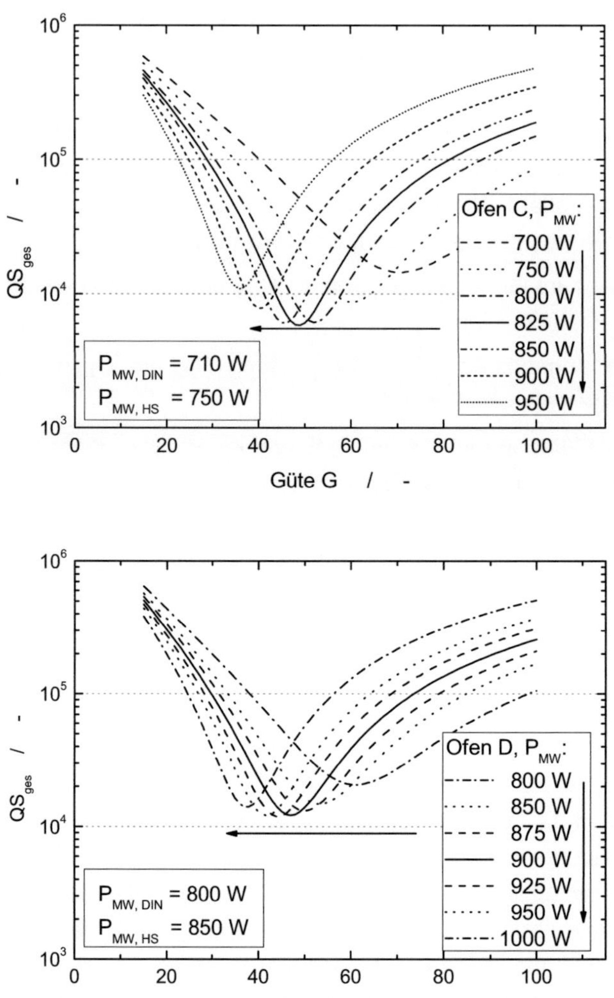

Abb. 5.11: *Quadratsumme der Residuen der Modellierung als Funktion des Gütefaktors G für unterschiedliche angebotene Mikrowellenleistungen P_{MW} in Ofen C (oben) und Ofen D (unten).*

Die physikalisch verfügbare Mikrowellenleistung muss also gemäß Treffer-Absorptions-Modell entsprechend der theoretischen Überlegungen aus Abschnitt 5.3.2 tatsächlich höher angesetzt werden. Eine Ausgangsleistung von 825 W, die 10 % oberhalb der Nennleistung des

Herstellers liegt, ist wie zuvor ausgeführt absolut realistisch. Da dieser Leistungswert gleichzeitig deutlich unterhalb eines 70 %-Niveaus (889 W) der Netzleistungsaufnahme liegt, steht er auch nicht im Widerspruch zum theoretischen Wirkungsgrad eines Magnetrons.

Identisch verhält es sich für Ofen D, auch hier liegt das Optimum der Modellierung bei einer Ausgangsleistung deutlich oberhalb der Nennleistungen gemäß DIN-Norm und Hersteller und unterhalb eines 75 %-Niveaus der Netzleistungsaufnahme.

Im weiteren Verlauf der Arbeit wird für Berechnungen als Mikrowellenausgangsleistung von Ofen C ein Wert von 825 W und für Ofen D ein Wert von 900 W verwendet.

5.3.4.3　Der Gütefaktor G eines Mikrowellenofens

Je höher die Mikrowellenausgangsleistung im Modell gewählt wird, desto stärker verschiebt sich das Optimum der Güte G hin zu kleineren Werten (vgl. Abb. 5.11). Dies lässt sich folgendermaßen erklären. Die Messwerte für $P_{k,j}$ sind fix. Wird eine höhere Mikrowellenausgangsleistung P_{MW} gewählt, so verschiebt sich in der Modellvorstellung das Verhältnis der Messwerte zur Mikrowellenausgangsleistung für alle $P_{k,j}$ hin zu kleineren Werten und folglich geringerer Effizienz. Dies geht einher mit geringerer Güte G.

Betrachtet man nun die optimale Güte G bei den im vorangegangenen Abschnitt ermittelten Mikrowellenausgangsleistungen $P_{MW} = 825$ W für Ofen C und $P_{MW} = 900$ W für Ofen D, so ergibt sich für Ofen C eine Güte von $G = 49$ und für Ofen D von $G = 47$. Dies entspricht einer Absorptionswahrscheinlichkeit an der Anlage von 2,0-2,1 % pro Wellendurchgang. Das Rismanmodell (Abschnitt 2.6.3.2) erlaubt ebenfalls die Berechnung einer mittleren Absorptionswahrscheinlichkeit der Anlage.

$$p_{abs,anl,Risman} = \frac{A_{met} \cdot p_{met} + A_{refl} \cdot p_{refl} + A_{dreh} \cdot p_{dreh}}{A_{met} + A_{refl} + A_{dreh}} \tag{5.23}$$

Diese errechnet sich für Ofen C zu 0,7 % und für Ofen D zu 1,2 % und liegt damit zwar in derselben Größenordnung, aber doch deutlich unterhalb der Absorptionswahrscheinlichkeit, die anhand des Treffer-Absorptions-Modells ermittelt wurde. Ein Grund könnte darin liegen, dass im Rismanmodell alle Oberflächen gleich gewichtet werden. Es ist jedoch vorstellbar, dass es durch direkte Rückreflexion zur Einkopplungsstelle zu einer größeren Gewichtung dieser stark verlustbehafteten Fläche kommt. Dies würde die Unterschiede erklären.

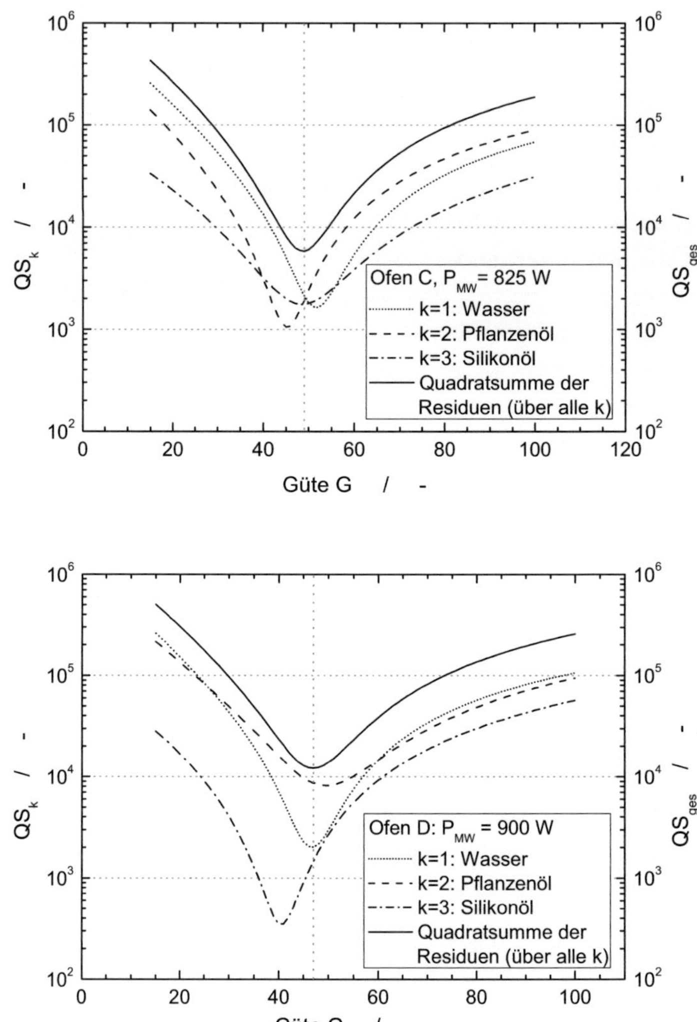

Abb. 5.12: Quadratsumme der Residuen der Modellierung als Funktion des Gütefaktors G als Gesamtsumme und für einzelne Substanzen in Ofen C (oben) und Ofen D (unten).

In Abb. 5.12 wird die Fehlerquadratsumme aller Daten QS_{ges} als Funktion der Güte den Fehlerquadratsummen der Einzelsubstanzen QS_k gegenübergestellt. Die Fehlerquadratsumme der Einzelsubstanzen kann dazu verwendet werden, die Zulässigkeit der Modellannahmen zu prüfen. Hierzu sind die folgenden drei Fragestellungen von Interesse:

Zunächst sollte der Fehler zu ähnlichen Teilen auf alle Stoffe zurückzuführen sein. Zweitens sollte der Peak des Optimums für alle Stoffe eindeutig sein und in derselben Größenordnung liegen. Drittens sollte die Lage der Peaks keine Systematik hinsichtlich der dielektrischen Eigenschaften erkennen lassen, das heißt, niedrige dielektrische Eigenschaften sollten nicht systematisch zu höheren oder niedrigeren Güten führen.

Ein Blick in Abb. 5.12 eröffnet zunächst, dass sich der quadratische Fehler in Ofen C im Optimum zu gleichen Teilen aus den Residuen aller Substanzen zusammensetzt. Bei Ofen D dominiert das vergleichsweise schlechte Anpassungsverhalten des Pflanzenöls die Modellierung.

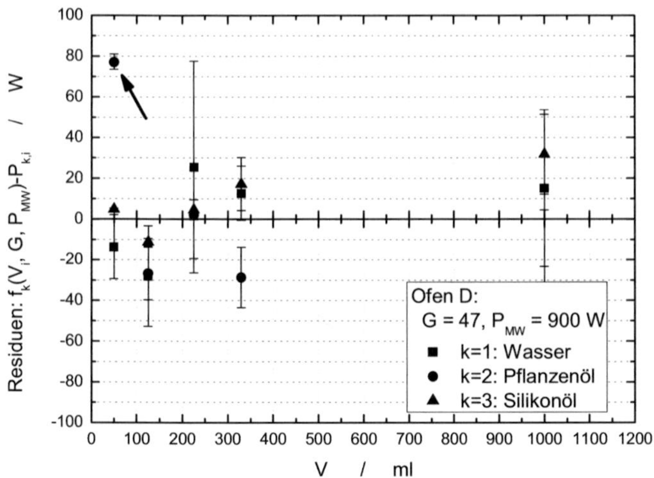

Abb. 5.13: Residuen der Modellierung über dem Lastvolumen für Wasser, Pflanzenöl und Silikonöl in Ofen D.

Zurückzuführen ist dies auf das sehr schlechte Absorptionsverhalten der 50 ml-Pflanzenöllast in Ofen D, das allerdings sehr reproduzierbar auftrat (vgl. Abb. 5.13).

Die Peaks in Abb. 5.12 sind eindeutig. In Ofen C schwankt die optimale Güte zwischen 45 für Pflanzenöl, 49 für Silikonöl und 52 für Wasser. Dies entspricht einer Absorptionswahrscheinlichkeit von 1,9-2,2 %. In Ofen D ist eine Schwankung zwischen 41 für Silikonöl und 47 für Wasser und 50 für Pflanzenöl zu beobachten entsprechend einer Absorptionswahrscheinlichkeit von 2,0-2,4 %.

Eine Systematik des stoffspezifischen Optimus des Güteparameters G in Abhängigkeit der dielektrischen Eigenschaften ist nicht gegeben.

Eine signifikante Stoffabhängigkeit des Güteparameters G konnte anhand der hier vorgestellten Daten nicht festgestellt werden, weshalb die Modellannahme als reiner Geräteparameter vertretbar erscheint.

5.3.5 Qualität der Modellierung mit dem Treffer-Absorptions-Modell

Für die Modellierung der Effizienz eines Ofens wurden die Modellparameter P_{MW} und G des Treffer-Absorptions-Modells für beide Öfen abgeschätzt und ihre Zulässigkeit hinsichtlich der Modellannahmen überprüft.

Es zeigte sich hierbei, dass in Übereinstimmung mit den theoretischen Vorüberlegungen, die angebotene Mikrowellenleistung tatsächlich höher als die Nennleistung gemäß Hersteller angesetzt werden muss.

Auf der Basis der angebotenen Mikrowellenleistung P_{MW} wurde dann die optimale Güte G bestimmt. In Abb. 5.14 werden die experimentellen Daten aus Abschnitt 5.3.3 der Berechnung aus Abschnitt 5.3.4 in der Auftragung GRÜNEBERGS als Lastkurve gegenübergestellt.

Die Übereinstimmung sowohl der Volumen-, als auch der Stoffabhängigkeit ist ausgezeichnet. Das Zusammenspiel aus Treffer- und Absorptionswahrscheinlichkeiten bei Mehrfachreflexion eignet sich offensichtlich hervorragend, die ursächlichen Zusammenhänge der volumen- und stoffabhängigen Effizienz von Mikrowellenprozessen zu beschreiben. Modelle, die eine experimentell ermittelte Nennleistung verwenden, um die Effizienz von Mikrowellenprozessen zu beschreiben, überschätzen zwangsweise die Effizienz des Erwärmungsverhaltens und unterschätzen die Effizienz eines Magnetrons.

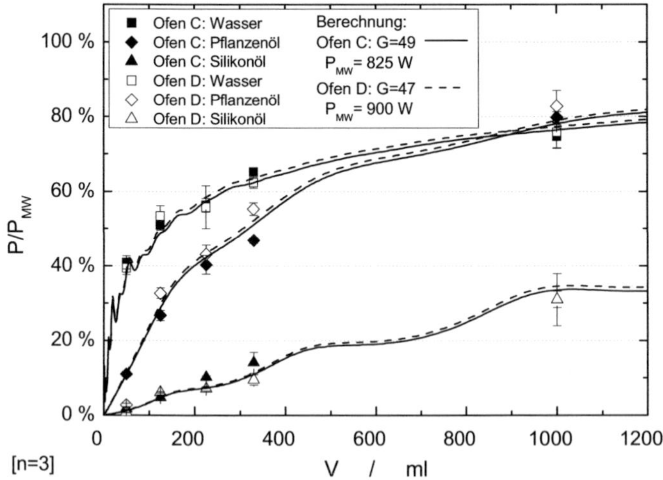

Abb. 5.14: Während der Mikrowellenerwärmung aufgenommene und auf die angebotene Mikrowellenleistung normierte Leistung von Wasser, Pflanzenöl und Silikonöl in zwei unterschiedlichen Öfen.

Eine vergleichende Modellierung dieser Daten nach dem Rismanmodell ist Anhang B 5 zu entnehmen.

Eine ergänzende interessante Frage ist, welchen Einfluss die gemessenen dielektrischen Eigenschaften der verwendeten Stoffe auf das Ergebnis der Modellierung haben. Dieser Zusammenhang wird in Abb. 5.15 für Ofen C dargestellt. Hierzu wurden die Modellberechnungen bei gleichen Modellparametern für alle drei Stoffe mit einer Variation der Verlustzahl um eine Standardabweichung ($\varepsilon'' \pm \sigma_{\varepsilon''}$) durchgeführt. Während der Einfluss der Standardabweichung von Wasser und Pflanzenöl zu vernachlässigen ist, ist der Einfluss auf die Effizienz der Erwärmung von Silikonöl deutlich.

Während die Modellierung für hinreichend große Verlustzahlen also sehr robust gegenüber Messungenauigkeiten in den dielektrischen Eigenschaften ist, wird für sehr niedrige Verlustzahlen im Rahmen der Messungenauigkeit der dielektrischen Eigenschaften eine Anpassung im eigentlichen Sinne durchgeführt, das heißt, es wird nach einer Güte G gesucht, die die Messdaten möglichst gut widerspiegelt.

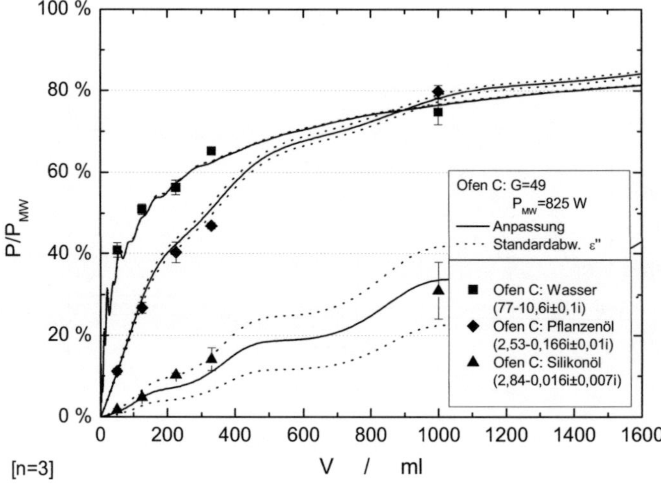

Abb. 5.15: Während der Mikrowellenerwärmung aufgenommene und über die angebotene Mikrowellenleistung normierte Leistung von Wasser, Pflanzenöl und Silikonöl in Ofen C. Berechnung auf Basis der in Abschnitt 5.3.4.2 und 5.3.4.3 ermittelten Modellgrößen mit Variation der Verlustzahl ε" um eine Standardabweichung.

Notwendigerweise korrigiert dieser Anpassungsparameter dann eine mögliche Messungenauigkeit in den dielektrischen Eigenschaften. Im Einzelfall erhöht dies die Genauigkeit der Modellvorhersage, obgleich hierdurch die strenge Geräteabhängigkeit des Güte-Parameters teilweise verloren geht.

Die wesentlichen Aussagen des Modells im Allgemeinen bleiben hiervon unberührt.

5.3.6   Überprüfung des Treffer-Absorptions-Modells anhand von Literaturdaten

BUFFLER verglich in seiner Arbeit die Brauchbarkeit verschiedener Standards für die Ermittlung der Nennleistung eines Haushaltsmikrowellenofens. In diesem Rahmen veröffentlichte er eine umfangreiche Datensammlung zur lastabhängigen Leistungsaufnahme von 27 Mikrowellenöfen, auf die im Folgenden mit der Variablen l verwiesen werden soll. Hierzu hatte er Forschungsstellen gebeten, das Garraumvolumen sowie die Leistungsaufnahme einer 500 ml- ($j = 1$) einer 1000 ml- ($j = 2$) und einer 2000 ml-Wasserlast in Mikrowellenöfen zu messen und ihm zur Verfügung zu stellen [BUFFLER, 1990]. Über die genaue Versuchsdurchführung und eine statistische Absicherung der Messungen ist nichts bekannt. Dennoch bieten die Daten eine gute Möglichkeit, die Anwendbarkeit des Treffer-Absorptions-Modells in der Breite zu prüfen.

Da die Mikrowellenausgangsleistung für die Geräte gänzlich unbekannt ist, wird diese der Einfachheit halber auf der Basis der Daten der 2000 ml-Last für jeden einzelnen Ofen anhand Gleichung (5.21) geschätzt:

$$P^{*}_{MW,l}\left(G_{l}\right) = P_{l}\left(2\,l\right) \cdot \left(1 + \left(\frac{A_{p,MW,l}}{Q_{abs}\left(\varepsilon_{1},\,2\,l\right) \cdot A_{p,L}\left(2\,l\right)} - 1\right) \cdot \frac{1}{G_{l}}\right) \tag{5.24}$$

Diese geschätzte Mikrowellenausgangsleistung hängt noch von der Güte G_{l} des jeweiligen Ofens ab. Die Modellfunktion der Leistungskurve entsprechend dem Treffer-Absorptions-Modell für den Ofen l ergibt sich aus Gleichung (5.21) und Gleichung (5.25) als Funktion des Volumens zu

$$f_{l}\left(V, G_{l}\right) = \frac{P^{*}_{MW,l}\left(G_{l}\right)}{1 + \left(\dfrac{A_{p,MW,l}}{Q_{abs}\left(\varepsilon_{k},\,V\right) \cdot A_{p,L}\left(V\right)} - 1\right) \cdot \dfrac{1}{G_{l}}} \tag{5.25}$$

mit dem Modellparameter G_{l}.

Ziel ist es nun, die hiervon noch unabhängigen Messdaten für 500 ml und 1000 ml mit dieser Modellfunktion zu beschreiben:

$$P_{l,j} \overset{!}{=} f_{l}\left(V_{j}, G_{l}\right) \tag{5.26}$$

Die Fehlerquadratsumme ergibt sich für den jeweiligen Ofen zu:

$$QS_{l}\left(G_{l}\right) = \sum_{j=1}^{2}\left(f_{l}\left(V_{j}, G_{l}\right) - P_{l,j}\right)^{2} \tag{5.27}$$

Die optimalen Modellparameter sind dann für den jeweiligen Ofen die Lösung des folgenden Optimierungsproblems:

$$\min_{G_l} \sum_{j=1}^{n} \left(f_l\left(V_j, G_l \right) - P_{l,j} \right)^2$$

$$0 < G_l$$
(5.28)

In Abb. 5.16 sind die Messdaten BUFFLERS den berechneten Werten bei optimalen Modellparametern für eine 500 ml- und eine 1000 ml- Last gegenübergestellt.

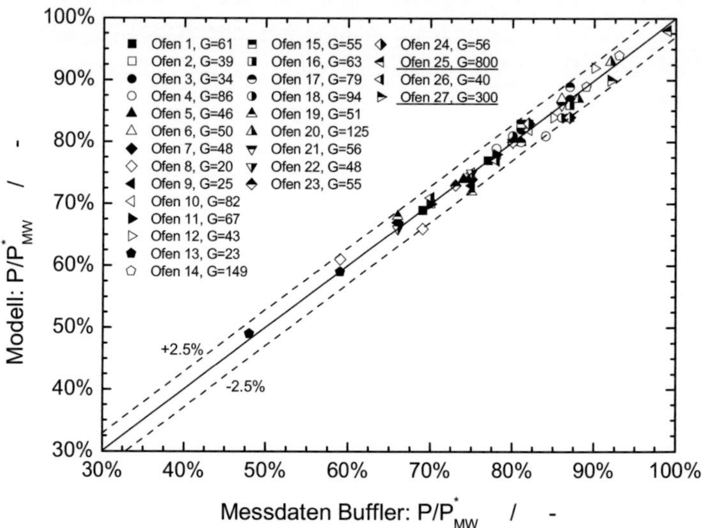

Abb. 5.16: *Normierte Leistungsaufnahme nach Modellberechnung im Vergleich zu Literaturdaten aus [BUFFLER, 1990]. Erläuterung im Text.*

Die Anpassung der 2000 ml-Last ist aufgrund der Schätzung der Mikrowellenleistung zwangsweise optimal und wird nicht dargestellt. Zur besseren Übersichtlichkeit wurden die Daten auf die geschätzte Mikrowellenausgangsleistung P^*_{MW} normiert. Die Volumenabhängigkeit der Leistungsaufnahme von Wasserlasten in 25 der 27 Mikrowellengeräte ließ sich trotz der Unsicherheit über die Herkunft der Daten zufriedenstellend beschreiben. Einzig bei Ofen 25 und 27 mussten außergewöhnlich hohe Güten gewählt werden, da es hier zu einer geringeren absoluten Leistungsaufnahme in der 2000 ml-Last kam als in der 1000 ml-Last. Hierfür kann das Modell keine Erklärung liefern, da diese Messergebnisse die Grundannahmen des Modells verletzen. Ein Messfehler in den Daten BUFFLERS kann allerdings nicht ausgeschlossen werden, zumal BUFFLER anmerkt, dass es sich bei den Öfen 25 und 27 um zwei von drei Öfen derselben Forschungsstelle handelte.

5.3.7 Zusammenhang zwischen dem Gütefaktor G des Treffer-Absorptions-Modells und dem klassischen Q-Faktor

In Abschnitt 2.5.5 wurde der Q-Faktor eingeführt, der eng verbunden ist mit der Effizienz eines Mikrowellenprozesses. Liegt der Q-Faktor eines gefüllten Resonators nicht wesentlich unterhalb der des leeren, so wird es zu signifikanten Verlusten außerhalb des Produktes kommen. Auch im Treffer-Absorptions-Modell gibt es einen Gütefaktor G, der eine Aussage über die Effizienz eines Prozesses zulässt. Zwei Kennzahlen, die dieselbe Aussage ermöglichen, müssen voneinander abhängig sein. Diese Abhängigkeit soll im Folgenden näher dargestellt werden. Hierzu soll zunächst die Definition des Q-Faktors noch einmal aufgeschrieben werden:

$$Q = 2\pi \frac{\text{gespeicherte Energie}}{\text{Energieverlust pro Schwingungsperiode}} = 2\pi \frac{E_{ges}}{\frac{P_{diss}}{f}} \qquad (5.29)$$

Im stationären Zustand dissipiert zu jedem Zeitpunkt exakt die angebotene Mikrowellenleistung P_{MW}:

$$P_{diss} = P_{MW} \qquad (5.30)$$

Um nun einen Zusammenhang des Q-Faktors zum Gütefaktor G herzustellen, muss E_{ges} über das Treffer-Absorptions-Modell ausgedrückt werden. Hierbei ist $\bar{s}_{anl}$ die mittlere Wegstrecke für einen Wellendurchgang der Mikrowelle durch den Prozessraum und c_0 die Lichtgeschwindigkeit. Für die Herleitung sei auf Anhang B 4 verwiesen:

$$E_{ges} = P_{MW} \cdot \frac{\overline{s}_{anl}}{c_0} \cdot \cfrac{1}{\cfrac{Q_{abs} \cdot A_{p,L}}{A_{p,MW}} + \left(1 - \cfrac{Q_{abs} \cdot A_{p,L}}{A_{p,MW}}\right) \cdot \cfrac{1}{G}} \qquad (5.31)$$

Aus Gleichung (5.29) ergibt sich mit Gleichung (5.30) und Gleichung (5.31) der Q-Faktor des gefüllten Mikrowellenofens gemäß Treffer-Absorptions-Modell zu:

$$Q^* = \frac{2\pi \cdot \overline{s}_{anl} \cdot f}{c_0} \cdot \cfrac{1}{\cfrac{Q_{abs} \cdot A_{p,L}}{A_{p,MW}} + \left(1 - \cfrac{Q_{abs} \cdot A_{p,L}}{A_{p,MW}}\right) \cdot \cfrac{1}{G}} \qquad (5.32)$$

Q wird an dieser Stelle mit einem * gekennzeichnet, um kenntlich zu machen, dass es sich lediglich um eine Abschätzung des Q-Faktors auf der Basis des Treffer-Absorptions-Modells handelt. Als resonatorspezifische Kenngröße ist Q^* wie zu erwarten unabhängig von der eingestrahlten Leistung.

Der Q-Faktor des leeren Resonators Q_0^* ergibt sich aus dem Grenzwert von Gleichung (5.32) für $A_{p,L} \to 0$ zu:

$$Q^* \xrightarrow{A_{p,L} \to 0} Q_0 = \frac{2\pi \cdot \overline{s}_{anl} \cdot f}{c_0} \cdot G \qquad (5.33)$$

Der Q-Faktor und die Güte G sind also über einen Proportionalitätsfaktor direkt miteinander verbunden. Die Güte G berücksichtigt nur die Grenzfläche-Welle-Interaktion und keine Informationen über die Abmessungen des Prozessraums. Laut MEINKE ist ein hohes Volumen zu Oberfläche Verhältnis notwendig, um hohe Güten in einem Resonator zu erreichen [MEINKE, 1992]. Genau dies bringt Gleichung (5.32) zum Ausdruck. Neben der Güte G ist der Q-Faktor gemäß Treffer-Absorptions-Modell auch proportional zur mittleren Weglänge $\overline{s}_{anl}$, die zum Durchqueren des Prozessraumes notwendig ist. Diese steigt, wenn das Verhältnis von Volumen zu Oberfläche steigt.

In Abb. 5.17 sind die mit dem Treffer-Absorptions-Modell berechneten Q-Faktoren von Ofen C und D für unterschiedliche Lasten aufgetragen. Der Q-Faktor des leeren Ofens C beträgt demnach 670, der des leeren Ofens D etwa 600. Während die Q-Faktoren für Wasser- und Öllasten schnell mit dem Volumen abnehmen, behält der *Q-Faktor* des leeren Ofens für Silikonöl auch bei großen Volumina einen entscheidenden Einfluss. VOLLMER nennt als typische *Q*-Faktoren für beladenene Haushaltsmikrowellenöfen die Größenordnung 10^2 [VOLLMER, 2004]. MEINKE erklärt, dass sich mit Mikrowellenhohlraumresonatoren hohe Güten in der Größenordnung 10^5 erreichen lassen [MEINKE, 1992]. Ein leerer Haushaltsmikrowellenofen muss zwangsweise aufgrund der verwendeten Metalle und durch Rückreflexionen zum Magnetron aufgrund fehlender Abstimmung einen deutlich niedrigeren leeren *Q*-Faktor aufweisen. Die errechneten Werte erscheinen also durchaus plausibel.

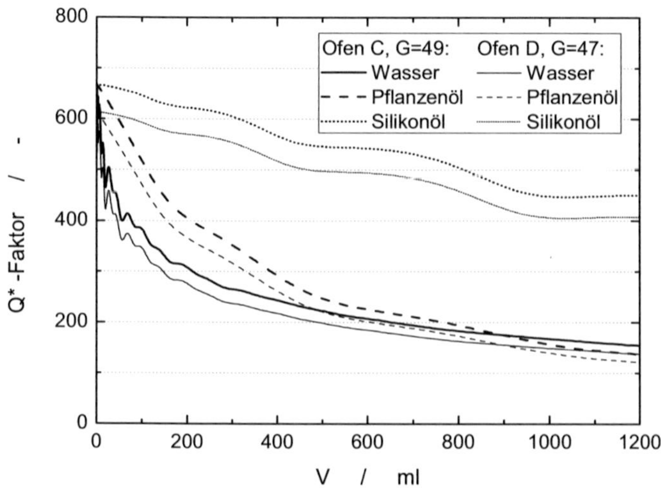

Abb. 5.17: Aus dem Treffer-Absorptions-Modell abgeleitete Q-Faktoren von Ofen C und D für unterschiedliche Lasten.

Mit Hilfe des Treffer-Absorptions-Modells konnten auf der Basis experimenteller Erwärmungsdaten *Q*-Faktoren sowohl für den leeren als auch für einen beliebig gefüllten Prozessraum abgeleitet werden. Die abgeleitete Berechnungsfunktion berücksichtigt wie gefordert sowohl die Interaktionswahrscheinlichkeit von Welle und Prozessraum, als auch dessen Abmessungen und ist dabei unabhängig von der Größenordnung der eingestrahlten Leistung P_{MW}. Die für die Öfen C und D errechneten Werte erscheinen plausibel. Es wird interessant sein zu beobachten, ob sich in zukünftigen Arbeiten diese Relation mit einer alternativen Messmethodik auch quantitativ belegen lässt.

5.3.8 Schlussfolgerungen für die Auslegung industrieller Mikrowellenanlagen

In den vorangegangenen Abschnitten hat sich das Treffer-Absorptions-Modell als robustes, zuverlässiges Modell erwiesen, das sich dazu eignet, die lastabhängige Effizienz von Haushaltsmikrowellenöfen zufriedenstellend zu beschreiben. Es steht dabei nicht im Widerspruch zum theoretischen Wirkungsgrad eines Magnetrons und ermöglicht anders als übliche Normtests eine sinnvolle Abschätzung der verfügbaren Mikrowellenleistung P_{MW}. Das Optimum des Güteparameters G liegt in einem eindeutigen scharf begrenzten Minimum des Optimierungsproblems und ist dabei, wie gefordert, weitestgehend lastunabhängig. Auch Literaturdaten ließen sich sinnvoll mit dem Treffer-Absorptions-Modell beschreiben. Schließlich zeigte es sich vollständig kompatibel zum etablierten Q-Faktor-Konzept.

Das Treffer-Absorptions-Modell spiegelt somit die Zusammenhänge der lastabhängigen Effizienz von Mikrowellenöfen treffend wider. Es liegt nun nahe, dieses Know-how direkt auf industrielle Mikrowellenprozesse zu übertragen, mit dem Ziel, sie effizienter zu gestalten. Hierzu werden im Folgenden zunächst die Grenzwerte des Treffer-Absorptions-Modells für große Güten und kleine sowie große Lasten gebildet:

$$\frac{P}{P_{MW}} \xrightarrow{G \to \infty} 1 \tag{5.34}$$

   1. Für hinreichend große Güten wird unter sonst gleichen Bedingungen jeder Mikrowellenprozess unabhängig von den dielektrischen Eigenschaften ($\varepsilon'' > 0$) effizient.

$$\frac{P}{P_{MW}} \xrightarrow{A_{p,L} \to 0 \,\Leftrightarrow\, Q_{abs} \to 0} 0 \tag{5.35}$$

   2. Für einzelne (!) hinreichend kleine Lasten wird unter sonst gleichen Bedingungen jeder Mikro-

wellenprozess unabhängig von den dielektrischen Eigenschaften ($\varepsilon'' > 0$) ineffizient.

$$\frac{P}{P_{MW}} \xrightarrow{A_{p,L} \to A_{p,MW}} \frac{1}{1 + \dfrac{1}{Q_{abs} \cdot G} - \dfrac{1}{G}} \tag{5.36}$$

3. Für große Lasten hängt die Effizienz des Prozesses vom Zusammenspiel von Absorptionseffizienz und Güte ab. Die für einen effizienten Betrieb notwendigen Absorptionseffizienzen Q_{abs} können jedoch auch von schlecht absorbierenden Substanzen bei überschaubarer Lastgröße problemlos erreicht werden (vgl. Abb. 5.18)

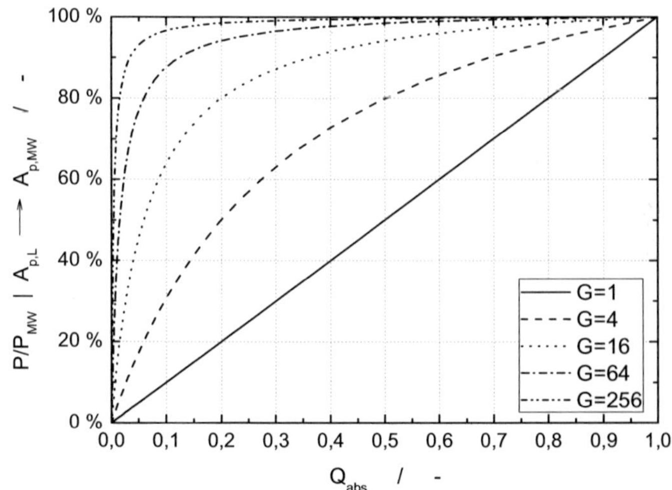

Abb. 5.18: *Grenzwert der Effizienz eines Mikrowellenprozesses für $A_{p,L} \to A_{p,MW}$ nach dem Treffer-Absorptions-Modell.*

Eine effiziente Mikrowellenerwärmung auch von Stoffen mit niedrigen dielektrischen Eigenschaften ist damit möglich, sofern folgende Auslegungskriterien eingehalten werden:

1. Anlagenverluste niedrig halten (vgl. Anhang B 1)

2. Angriffsfläche für Mikrowellen maximieren

3. Hinreichend große Prozessräume, um eine ausreichende Absorption, bei einmaligem Wellendurchgang zu erzielen.

5.4 Kapitelzusammenfassung

Das Ziel des Kapitels bestand darin, die beiden Konkurrenzsituationen, denen eine Last in einem Mikrowellenprozess ausgesetzt ist, modellhaft zu beschreiben und zu verstehen.

Zur Beschreibung der Konkurrenz durch eine zweite Last wurde im ersten Teil des Kapitels eine in Kapitel 4 hergeleitete Kennzahl, die normierte volumenbezogene Leistungsaufnahme P_V/P_A herangezogen. Es zeigte sich, dass diese Kennzahl auch bei sich deutlich unterscheidenden Lastgrößen eine sinnvolle Hilfestellung geben kann, das Konkurrenzverhalten dielektrischer Lasten in Mikrowellenprozessen abzuschätzen. Gleichzeitig konnte gezeigt werden, dass ein in der Literatur bei ZHANG beschriebener Ansatz, man könne aus der Leistungsaufnahme einzelner Lasten unmittelbar auf die Leistungsaufnahme mehrerer Lasten unter Konkurrenz schließen, nur für den Spezialfall gilt, dass sich Volumen und dielektrische Eigenschaften nicht zu stark unterscheiden. Für den allgemeinen Fall bei sich stark unterscheidenden Volumina und/oder dielektrischen Eigenschaften, der durch den in dieser Arbeit entwickelten Ansatz auf der Basis der normierten volumenbezogenen Leistungsaufnahme P_V/P_A gut abgedeckt wird, wurde die Hypothese ZHANGS widerlegt.

Im praktischen Anwendungsfall hilft das vorgestellte Konzept zu bewerten, ob Unterschiede in der Leistungsaufnahme ursächlich auf das Volumen und die stoffliche Zusammensetzung der erwärmten Lasten oder aber auf prozessspezifische Größen, wie eine inhomogene Feldverteilung zurückzuführen sind. Eine Optimierung der Prozessführung ist nur im zweiten Fall zielführend. Im ersten Fall muss das Produkt beispielsweise durch Klassierung, Zerkleinerung oder Konditionierung vereinheitlicht werden, um zunächst einmal die Voraussetzungen für eine gleichmäßige Erwärmung zu schaffen.

Zur Beschreibung der Konkurrenz von Last und Anlage wurde im zweiten Teil des Kapitels das Treffer-Absorptions-Modell entwickelt, das die klassischen Lastkurven von Haushaltsmikrowellenöfen auf der Basis von Treffer- und Absorptionswahrscheinlichkeiten zuverlässig unter Verwendung zweier gerätespezifischer Modellparameter modelliert. Es verbindet dabei die Vorteile bereits bestehender Modelle RISMANS und GRÜNEBERGS, indem es Anlagenverluste, Stoffabhängigkeiten und Resonanzeffekte gleichermaßen quantitativ berücksichtigt.

Anhand eigener und von Literaturdaten wurde die grundsätzliche Zulässigkeit der Modellannahmen gezeigt. Widersprüche zu den theoretischen Leistungsgrößen der verwendeten Mikrowellen, zur Lastunabhängigkeit des anlagenspezifischen Güteparameters G und dem etablierten Q-Faktor-Konzept wurden nicht festgestellt.

Abschließend wurde geprüft, inwiefern das Treffer-Absorptions-Modell Hinweise darauf liefern kann, welche Anforderungen ein effizienter Mikrowellenprozess erfüllen muss.

Danach arbeitet ein Mikrowellenprozess genau dann effizient, wenn Anlagenverluste niedrig gehalten, die Angriffsfläche auf das Produkt maximiert und die Abmessungen des Prozessraumes hinreichend groß gewählt werden. In diesem Fall sollten auch Prozesse, in denen Produkte mit niedrigen dielektrischen Eigenschaften erwärmt werden sollen, in hohem Maße effizient arbeiten.

6 Anwendung auf das mikrowellenunterstützte Rösten von Kakao

6.1 Effiziente Mikrowellenerwärmung von Lasten mit kleinen Abmessungen

Im Verlauf der Arbeit hat sich bestätigt, dass sich einzelne kleine Lasten nur sehr ineffizient im Mikrowellenfeld erwärmen lassen. Der Grund hierfür liegt darin, dass der Prozessraum nicht hinreichend durch die kleine Last ausgefüllt wird. Gleichzeitig wurde gezeigt, dass für kleine Lasten mit niedrigen dielektrischen Eigenschaften – im Gegensatz zu wasserbasierten Systemen – in einer Konkurrenzsituation dagegen eine sehr gleichmäßige Erwärmung erwartet wird.

In der Konsequenz müssten sich Lasten mit kleinen Abmessungen also genau dann für eine effiziente Mikrowelleneinkopplung eignen, wenn sie niedrige dielektrische Eigenschaften haben und als Schüttgut behandelt werden, das den Prozessraum ausfüllt. Eine lastverursachte Inhomogenität ist in diesem Fall nicht zu erwarten.

In diesem Kapitel soll dies anhand eines Röstprozesses für Kakaobohnenschüttungen untersucht werden, einem Prozess, dem bei der Schokoladenherstellung eine für die Entwicklung des Aromas entscheidende Bedeutung zukommt.

Der Aufbau des Kapitels orientiert sich an den folgenden vier Fragestellungen:

- Wie muss eine Mikrowellenanlage zum effizienten Erwärmen einer Kakaobohnenschüttung gestaltet sein? (Konkurrenz durch die Anlage)

- Welche effizienzwirksamen Vorteile ergeben sich in einem Mikrowellenbetrieb gegenüber einer konventionellen Betriebsweise?

- Welchen Einfluss hat die Feldverteilung im Prozessraum auf die Homogenität der Erwärmung, beziehungsweise wie kann sie hinreichend sichergestellt werden?

- In welchem Umfang kann es aufgrund der vorgegebenen Partikelgrößenverteilung der Kakaobohnenschüttung zu einer lastverursachten erhöhten Leistungsaufnahme einzelner Bohnen kommen? (Konkurrenz durch eine zweite Last)

Nach einer Einführung in das Thema Mikrowellenrösten und der Einordnung des Röstens in den Schokoladenprozess folgt in Abschnitt 6.4 zunächst die Auslegung des im Rahmen dieser Arbeit entwickelten mikrowellenunterstützten Röstprozesses unter Berücksichtigung der im vorangegangenen Kapitel entwickelten Auslegungskriterien. In Abschnitt 6.5 und 6.6 werden dann die für die Analyse des Röstprozesses notwendigen Versuche und Simulationen beschrieben. Im Ergebnisteil 6.7 wird in einem ersten Schritt der Prozess auf Stabilität und Reproduzierbarkeit untersucht. In einem zweiten Schritt folgt eine Effizienzbetrachtung der gewählten Prozessführung. In einem dritten Schritt wird die Problematik der Inhomogenität der Feldverteilung im Prozessraum diskutiert und Maßnahmen vorgestellt, diese Problematik zu reduzieren. Abschließend folgt in einem vierten Schritt die Untersuchung, ob es aufgrund der Verteilung der Partikelgrößen in der Kakaobohnenschüttung zu einer lastverursachten erhöhten Leistungsaufnahme einzelner Bohnen kommt und welche Maßnahmen getroffen werden können, um dies zu verhindern.

6.2 Mikrowellenrösten

Es ist aus der Literatur bekannt, dass sich Mikrowellen grundsätzlich für das Rösten von Lebensmitteln eignen. Neben der Mikrowellenröstung von Kakaobohnen wird auch über die Mikrowellenröstung von Haselnüssen [UYSAL, 2009], Kreuzkümmel [BEHERA, 2004], Kaffee [NEBESNY, 2006], Sojabohnen [YOSHIDA, 1997], Sonnenblumenkernen [YOSHIDA, 2001] und Erdnüssen [MEGAHED, 2001] berichtet. Im Gegensatz zu den im weiteren Verlauf vorgestellten Arbeiten GONDÁRS und FAILLONS stellte keine dieser Arbeiten prozesstechnische Aspekte in den Mittelpunkt. Dies ist ein häufig anzutreffendes Problem bei Veröffentlichungen im Mikrowellenbereich: Es wird die Qualität in Haushaltsmikrowellenöfen hergestellter Produkte bewertet, ohne sich Rechenschaft über die Prozessbedingungen, insbesondere den Energieeintrag abzulegen. LOPEZ-

BERENGUER ET AL. führen kontroverse Ergebnisse im Bereich des Erhalts wertgebender Inhaltsstoffe beim Kochen in Mikrowellen auf diese Problematik zurück [LOPEZ-BERENGUER, 2007]. ZHANG ET AL. fordern für die mikrowellenunterstützte Trocknung vermehrt Technikumsanlagen in der Forschung, die sich an industriellen Anforderungen orientieren [ZHANG, 2006].

Bereits 1964 berichtete GONDÁR in einer umfangreichen Studie über das dielektrische Rösten von Kakao. GONDÁR verwendete für seine Versuche eine Frequenz von 40 MHz und stellte fest, dass sein Verfahren energetisch und qualitativ konkurrenzfähig zu konventionellen Verfahren ist. Als zusätzliche Vorteile arbeitete er heraus, dass auch in unklassierten Bohnen ein homogenes Röstergebnis zu erzielen war, sich die Ausbeute an Kakaobutter verbessern ließ und die Verarbeitung der Kakaobohnen aufgrund einer Lockerung der Mikrostruktur insgesamt leichter fiel [GONDÁR, 1964].

Als weiterer wissenschaftlicher Bericht findet sich eine koreanische Studie aus dem Jahr 2000, die sich mit dem Mikrowellenrösten von Kakaomasse beschäftigt. Die Autoren stellten fest, dass sich mikrowellengerösteter Kakao nur unwesentlich in der Zusammensetzung von konventionell geröstetem Kakao unterschied. Allerdings zeigte sich das Verfahren weniger effizient bei der Entfernung flüchtiger organischer Säuren [KIM, 2000]. Problematisch bei dieser Studie war, dass sie in einem Haushaltsmikrowellenofen ohne Überströmung der Probe durchgeführt wurde. Da sich der Prozessraum in diesem Fall nicht vollständig miterwärmt, kam es vermutlich zu Kondensation auf der Produktoberfläche. Dies wurde auch in eigenen Versuchen in Haushaltsmikrowellenöfen beobachtet. Außerdem erwärmten sie 150 g Kakaomasse als Block, womit der Vorteil der Masseröstung – die üblicherweise in dünnen Schichten durchgeführt wird – verloren geht.

Ende der siebziger Jahre entwickelte die Firma Thomson CSF in der Zusammenarbeit mit der Firma Nestlé einen Mikrowellen-Trommel-Röstprozess mit einem Durchsatz von 70-120 kg·h^{-1} Kakaobohnen bei einer Mikrowellenleistung von 2x5 kW (2,45 GHz). Die Autoren heben hervor, dass in dem beschriebenen Prozess die verfügbare Mikrowellenenergie mit einer Effizienz von 90 % (der Nettomikrowellenleistung) durch das

Produkt absorbiert wird. Qualität und Ausbeute der gerösteten Kakaobohnen waren zufriedenstellend. Es wurde weniger Rauchentwicklung beobachtet als in einem konventionellen Prozess. Problematisch in einem solchen reinen Mikrowellensystem sind die sehr hohen zu installierenden Mikrowellenleistungen im industriellen Maßstab, die deutlich oberhalb von 100 kW liegen können [FAILLON, 1977; FAILLON, 1978]. In dieser Arbeit wurde aus diesem Grund ein hybrider Ansatz verfolgt, bei dem Kakaobohnen gleichzeitig konventionell und durch Mikrowellen erhitzt werden.

Bevor allerdings auf den in dieser Arbeit entwickelten Prozess eingegangen wird, soll im Folgenden zunächst das Rösten in den Prozess der Schokoladenherstellung eingeordnet werden.

6.3 Einordnung des Röstprozesses in den Schokoladenprozess

Die Kakaobohnen erreichen die verarbeitenden Länder fermentiert und vorgetrocknet auf einen Restwassergehalt von 5-8 % mit einem Säuregehalt von 1-2,5 %. Für Kakao aus Ghana geben HOLM ET AL. einen Säuregehalt zwischen 1,3 und 1,6 % an [HOLM, 1993]. Im ungerösteten Kakao bestimmen diese Säuren – allen voran Essigsäure – das Kakaoaroma und werden als dominierend wahrgenommen. Eine entscheidende Aufgabe des Röstprozesses besteht daher darin, flüchtige Säuren auszutreiben [JINAP, 1991; FRAUENDORFER, 2008]. Die zweite Hauptaufgabe besteht darin, aus den während der Fermentation gebildeten Aromavorstufen das typische Kakaoaroma durch Maillardreaktionen auszubilden [AFOAKWA, 2008]. Damit sich das schokoladentypische Aroma ausbilden kann, muss eine Mindesttemperatur von 120-125 °C im Produkt überschritten werden [MOHR, 1971]. Schließlich wird noch der Wassergehalt in der Kakaomasse auf unter 2,5 % gesenkt [AFOAKWA, 2008]. Als typische Röstbedingungen geben JINAP ET AL. eine Lufttemperatur von 150 °C und Röstzeiten von 20-30 min an [JINAP, 1991]. Werden die Kakaobohnen bereits vor der Röstung geschält und gebrochen, spricht man von einer Nib-Röstung, werden sie außerdem noch vor der Röstung gemahlen von Masseröstung. Das traditionelle Verfahren, das weiterhin von den meisten Schokoladenproduzenten angewendet wird, ist die Röstung ganzer Bohnen. Hierfür werden alternativ diskontinuierlich arbeitende Trommelröster oder kontinuierlich arbeitende Schachtröster eingesetzt [BECKETT, 1999; BÖHLER, 2000].

Die fertige geröstete Kakaomasse wird dann mit anderen Schokoladenbestandteilen, wie Zucker, Kakaobutter und Milchpulver (bei Milchschokolade) zu einer Rohschokoladenmasse vermischt und über ein Walzwerk auf eine Partikelgröße von unter 25 µm zerkleinert. Einzelne Partikel können so auf der Zunge nicht mehr wahrgenommen werden.

Diese Masse wird schließlich für mehrere Stunden bis Tage in einer Conche, einem speziellen Rührwerk, zur fertigen Schokoladenmasse veredelt. Neben der Röstung ist dies der für die Qualität der Schokolade entscheidende Prozessschritt. Zum einen werden die Bitterkeit und Süße der Schokolade reduziert, zum anderen die gewünschte zart schmelzende Textur hergestellt, indem Agglomerate aufgebrochen und einzelne Partikel mit Kakaobutter gecoated werden [BECKETT, 1999].

Um die Effizienz von Schokoladenröstprozessen einordnen zu können, wurde es in dieser Arbeit für hinreichend erachtet, die folgenden beiden notwendigen Bedingungen einzuhalten:

- Senken des Wassergehalts auf 2 %
- Überschreiten der für die Röstung notwendigen Temperaturen von 120-125 °C

Die Qualität des Aromas der gerösteten Bohnen wurde nicht systematisch untersucht.

6.4 Auslegung und Aufbau eines energieeffizienten mikrowellenunterstützten Schachtrösters

6.4.1 Prozessführung

Der im Rahmen dieser Arbeit entwickelte mikrowellenunterstützte Röster abeitet nach dem Prinzip eines Schachtrösters und ist schematisch in Abb. 6.1 dargestellt. Ein Bild der Anlage ist dem Anhang zu entnehmen.

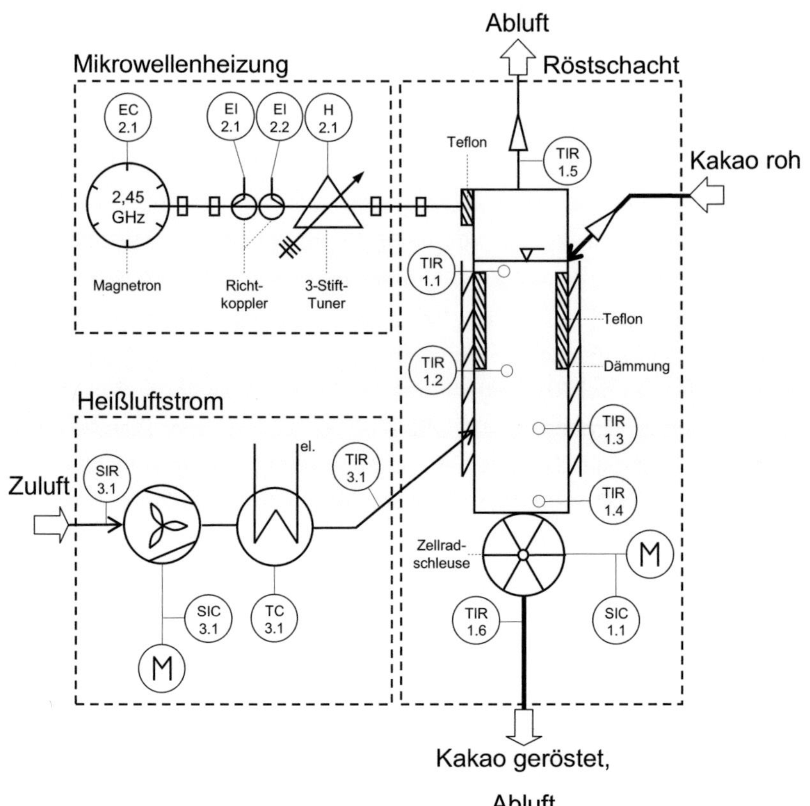

Abb. 6.1:   RI-Fließschema des entwickelten Mikrowellenschachträsters (vgl. Foto Anhang A 5)

Frische Bohnen werden über die Produktzuführung in den *Röstschacht* gefüllt, durchlaufen den Prozessraum und werden durch eine Zellradschleuse ausgetragen. Im oberen Drittel des Röstschachts werden die Kakaobohnen durch ein Teflonrohr von der Wand des Prozessraumes ferngehalten, in deren unmittelbarer Nähe keine Mikrowellenerwärmung stattfinden kann.

Für die *Mikrowellenheizung* werden Mikrowellen im Magnetron erzeugt und bewegen sich durch einen R26-Hohlleiter in den Prozessraum, in dem sie vom Produkt absorbiert werden. Um den Leistungseintrag zu optimieren, ist in den Hohlleiter ein Drei-Stift-Tuner integriert (s. 6.4.3).

Ein konventioneller *Heißluftstrom* wird im unteren Drittel in die Anlage eingespeist, eine Verfahrensweise, bei der sichergestellt ist, dass die stark druckverlustbehaftete Kakaobohnenschüttung auch durchströmt wird. Nach der Einspeisung spaltet sich der Luftstrom in zwei Teilströme auf. Ein Teil durchläuft die Kakaoschüttung im Gleichstrom und verlässt die Anlage durch die Zellradschleuse. Ein anderer Teil durchläuft die Kakaoschüttung im Gegenstrom und verlässt die Anlage durch die obere Abluftöffnung. Der Heißluftstrom erfüllt dabei zwei Aufgaben. Erstens ist er als Energieträger mit dafür verantwortlich, dass die Kakaobohnen Rösttemperatur erreichen. Zweitens ist er als Stofftransportmedium dafür verantwortlich, dass flüchtige Stoffe durch erzwungene Konvektion aus dem Prozessraum abtransportiert werden.

Um zu verhindern, dass die warme Abluft über den Hohlleiter das Magnetron erreichen kann, wird der Hohlleiter mit einem Teflonblock abgedichtet.

6.4.2 Prozessfenster

Für die Steuerung eines Röstprozesses gibt es an der Anlage vier wesentliche Stellgrößen: Die Verweilzeit der Kakaobohnen t_{vwz}, die Bruttomikrowellenleistung $P_{MW, brutto}$, den Volumenstrom des konvektiven Heißluftstroms $\dot{V}_{zu}$, sowie dessen Temperatur ϑ_{zu}.

Die Verweilzeit der Kakaobohnen im *Röstschacht* wird über die Frequenz der Zellradschleuse mit einem Frequenzumrichter (SIC 1.1) gesteuert. Der Massenstrom an Kakaobohnen hängt linear mit der Einstellung *FU* des Frequenzumrichters zusammen:

$$\dot{m}_{kakao} = FU \cdot 3{,}8765 \ g \min^{-1} \tag{6.1}$$

Der Prozessraum fasst m_{kakao} = 2,65 kg Kakaobohnen, womit sich die Verweilzeit t_{vwz} folgendermaßen errechnet:

$$t_{vwz} = \frac{m_{kakao}}{FU \cdot 3{,}8765 \ g \min^{-1}} \tag{6.2}$$

Auf diese Weise lassen sich Verweilzeiten in der Anlage von 7 bis 34 min entsprechend einem Massenstrom von 5 bis 23 kg·h^{-1} verwirklichen.

Die Bruttomikrowellenleistung $P_{MW,\,brutto}$ der *Mikrowellenheizung* wird softwaregesteuert in einem Bereich von 100 W bis 1300 W vorgegeben (EC 2.1). Eine Leistungsmessung am Hochspannungsnetzteil des Magnetrons im Verlauf von 3 Röstversuchen bei einer Vorgabeleistung von 700, 1000 und 1300 W ergab in allen Fällen und über die gesamte Versuchsdauer eine um 31 ± 6 W erhöhte Leistungsaufnahme, was der Grundlast des Netzteils entspricht.

Der Volumenstrom $\dot{V}_{zu}$ des konvektiven *Heißluftstroms* wird indirekt durch eine Messung der Strömungsgeschwindigkeit im Zentrum des 50 cm langen Ansaugrohrs (SIR 3.1) bestimmt. Die Strömungsform im Ansaugrohr ist bei Reynoldszahlen in der Größenordnung 10^4 turbulent. Nach KÜMMEL kann in diesem Reynoldszahlenbereich ein Korrekturfaktor von 0,817 zur Bestimmung der mittleren Strömungsgeschwindigkeit herangezogen werden [KÜMMEL, 2007]:

$$\dot{V}_{zu} = \overline{v}_{zu} \cdot A_{Rohr} = 0,817 \cdot v_{zu} \cdot 16,62 \; cm^2 \tag{6.3}$$

Dies entspricht dem Heizvolumenstrom bei Raumtemperatur. Gesteuert wird der Volumenstrom über den Frequenzumrichter (SIC 3.1) des Gebläses in einem Bereich von 12 bis 59 $m^3 \cdot h^{-1}$.

Die Temperatur des Zuluftstroms ϑ_{zu} wird unmittelbar vor Eintritt in den Prozessraum gemessen (TIR 3.1) und kann an dem verwendeten Heizregister (Leister, Typ 8D1) stufenlos zwischen 60 °C und 600 °C eingestellt werden (TC 3.1).

6.4.3   Anpassung

Für den funktionsgerechten Aufbau eines Mikrowellenprozesses ist es notwendig, die Anlage mit der vorgesehenen Last abzustimmen. Dies wird als Impedanzanpassung bezeichnet. Im vorliegenden Fall wurde für die Anpassung von Mikrowelle und Last eine Anpassungseinheit der Firma Fricke & Mallah verwendet. Diese besteht aus einem Drei-Stift-Tuner (H 2.1) für die eigentliche Impedanzanpassung und zwei Richtkopplern zur Messung der hinlaufenden und rücklaufenden Mikrowellenleistung, die über zwei Voltmeter ausgelesen werden (EI 2.1 und EI 2.2).

Für die Erstanpassung der Anlage wurde die Mikrowelleneinheit von der Anlage getrennt und ein Netzwerkanalysator über eine Kopplungsschleife an den Prozessraum angeschlossen. Über eine Beobachtung des Reflexionskoeffizienten als Funktion der Frequenz konnte so ein erster zulässiger Betriebspunkt gefunden werden.

Die kontinuierliche Betriebsweise hat den Vorteil, dass sich das Verhältnis von hinlaufender und rücklaufender Leistung im stationären Zustand nicht mehr verändert. Ist ein effizienter Betriebspunkt gefunden, so kann die Anpassung für den gesamten Versuch beibehalten werden.

6.4.4   Mikrowellendichtigkeit

Für den ordnungsgemäßen Betrieb von Mikrowellenanlagen müssen die gesetzlichen Vorgaben zur Begrenzung von Leckstrahlung eingehalten werden, um Gesundheitsgefährdungen für das Bedienpersonal und Dritte sicher auszuschließen.

Für Zuluft, Produktzuführung sowie Messsonden wurden Rohre als Chokes verwendet. Für die Wirksamkeit eines solchen Chokes muss als notwendige Voraussetzung der Durchmesser des Hohlleiters unterhalb des Cut-Off-Durchmessers der gewählten Frequenz liegen, ab der sich keine Mode mehr ausbilden kann. Für einen Rundhohlleiter lässt sich dieser kritische Radius r über Gleichung (6.4) berechnen [MEREDITH, 1998]:

$$r < \frac{\lambda_0}{3.413 \cdot \sqrt{\varepsilon'}} \tag{6.4}$$

ε' bezieht sich hierbei auf die Dielektrizitätskonstante des Füllmaterials. Ein Unterschreiten des Cut-Off-Durchmessers bedeutet lediglich, dass die Welle im Choke gedämpft wird. Mikrowellendichtigkeit wird durch eine ausreichende Länge des Rohres erzielt. Für die praktische Anwendung hat sich eine Länge von *10r* als hinreichend erwiesen.

Die Mikrowellendichtigkeit wurde während des Betriebs ständig durch zwei in der Steuerungseinheit hardwareseitig verschaltete Mikrowellenlecksensoren überwacht. Darüber hinaus wurde an jedem Versuchstag die Anlage mit einem Handlecktester (Hör Electronics, MLT-4) nach Mikrowellenlecks abgesucht. Am Auslass der Zellradschleuse wurde dabei Leckstrahlung detektiert, der gesetzliche Grenzwert von 5 mW/cm² wurde dabei aber zu jeder Zeit eingehalten.

6.4.5   Messsonden

Für die Messung von Temperaturen im Mikrowellenfeld wurde ein faseroptisches Messsystem der Firma Neoptix eingesetzt. Für Messungen außerhalb des Mikrowellenfeldes kamen NiCr/Ni Thermoelemente der Firma Ahlborn zum Einsatz. Bei beiden Systemen konnte der Temperaturverlauf mit einer Auflösung im Sekundenbereich über eine Software erfasst werden. Gemessen und aufgezeichnet werden konnten Schütttemperaturen an 4 Positionen im Röstschacht ϑ_{b1}, ϑ_{b2}, ϑ_{b3}, und ϑ_{b4} (TIR 1.1-1.4), zwei Ablufttemperaturen $\vartheta_{aus,o}$ und $\vartheta_{aus,u}$ (TIR 1.5 und TIR 1.6), sowie die Temperatur des Heißluftstroms vor Eintritt in den Prozessraum ϑ_{zu} (TIR 3.1).

Die Strömungsgeschwindigkeit im Zentrum des Ansaugrohrs v_{zu} wurde mit einen Flügelradanemometer der Firma Ahlborn mit einem Messbereich von 0,5-20 m·s^{-1} erfasst (SIR 3.1). Um einen gleichmäßigen Strömungszustand im Ansaugrohr zu gewährleisten, wurde das Ansaugrohr auf 50 cm verlängert. Die Messwerte wurden über das Almemosystem erfasst und auf einen Rechner übertragen.

6.4.6   Einhalten der Auslegungskriterien

Den in Abschnitt 5.3.8 entwickelten Auslegungskriterien zum Bau effizienter Mikrowellenanlagen wird bei der gewählten Prozessführung folgendermaßen Rechnung getragen:

Anlagenverluste niedrig halten:

Die Anlage wird über einen Drei-Stift-Tuner angepasst. Eine kontinuierliche Betriebsweise im stationären Zustand garantiert, dass es nicht zu einer schleichenden Fehlanpassung kommen kann, wie dies bei einem Batchprozess der Fall wäre (vgl. 6.4.3).

Angriffsfläche für Mikrowellen maximieren:

Die Querschnittsfläche des Schachtes ist vollständig mit Kakaobohnen gefüllt, so dass eine hohe Trefferwahrscheinlichkeit sichergestellt ist.

Hinreichend große Prozessräume, um eine ausreichende Dämpfung, bei einmaligem Wellendurchgang zu erzielen:

Der Schacht ist auf der gesamten Länge mit Produkt gefüllt. Damit kommt es selbst bei sehr niedrigen dielektrischen Eigenschaften zu einer signifikanten Dämpfung der Mikrowellenleistung, ehe sie an der Zellradschleuse reflektiert werden kann. Die Schütthöhe wurde so gewählt, dass es entsprechend dem theoretischen Absorptionsgrad im unendlichen Halbraum nach Gleichung *(2.33)* bei den dielektrischen Eigenschaften einer frischen vorgewärmten Bohnenschüttung von 1,9-0,09 i zu einer Absorption von 94 % der angebotenen Mikrowellenleistung kommt.

6.5   Versuchsdurchführung

In diesem Abschnitt werden die zur Analyse des Röstprozesses notwendigen Versuche beschrieben. Die Diskussion der Ergebnisse ist Abschnitt 6.7 zu entnehmen.

6.5.1   Anfahrverhalten, Stabilität und Reproduzierbarkeit

Bei Versuchen zum Anfahrverhalten, zur Stabilität und zur Reproduzierbarkeit wurden folgende Standardeinstellungen gewählt:

- t_{vwz} = 20 min ($\approx \dot{m}_{kakao}$ = 8 kg·h^{-1})
- $P_{MW,brutto}$ = 1000 W
- v_{zu} = 6,4 m·s^{-1} ($\approx \dot{V}_{zu}$ = 31 m^3·h^{-1})
- ϑ_{zu} = 150 °C

Alle Versuche wurden aus einem Kaltstart mit kalten Bohnen durchgeführt. Ausgewertet wurden die Temperaturen in der Schüttung an Position 3 und 4. Zu diskreten Zeitpunkten wurden Proben genommen, um den Wassergehalt des fertigen Produktes und die mittlere Temperatur der Bohnen zu bestimmen.

Bestimmung des Wassergehalts WG:

Kakaobohnen wurden von der Schale befreit, in einer Kaffeemühle gemahlen und über Sichtungssiebe in drei Partikelfraktionen geteilt. Lediglich die Partikelfraktion 0,5 mm $\leq x \leq$ 1,0 mm wurde dann für die Bestimmung des Wassergehaltes verwendet. Hierzu wurden je 4,5 g Bohnen in Aluschälchen auf einer Thermowaage eingewogen und bei 105 °C für 11-13 min getrocknet. Als Abbruchkriterium musste eine

Gewichtskonstanz über 3 Minuten erreicht werden. Alle Bestimmungen wurden dreifach durchgeführt.

Bestimmung der mittleren Bohnentemperatur $\vartheta_{b,aus}$:

Für die Bestimmung der mittleren Bohnentemperatur wurden geröstete Bohnen unmittelbar nach dem Austrag aus der Anlage durch die Zellradschleuse in ein Dewar-Gefäß gefüllt. Um das Gefäß komplett zu füllen, wurden 4 Umdrehungen der Zellradschleuse benötigt. Sowohl während der Befüllung, als auch im Anschluss daran wurde das Gefäß mit einem Styropordeckel verschlossen, um Wärmeverluste gering zu halten. Die Temperatur in der Schüttung wurde mit einem NiCr/Ni-Thermoelement gemessen. Die mittlere Bohnentemperatur war erreicht, wenn die Temperatur ein Gleichgewicht erreicht hatte.

Vor der ersten Messung einer Versuchsreihe wurde das Dewar-Gefäß einmal komplett mit heißen, gerösteten Bohnen gefüllt, um den Einfluss der Wärmekapazität des Gefäßes auf den Messwert gering zu halten.

Mittelwerte und Standardabweichungen beziehen sich auf zwei bis acht unabhängige Messungen.

6.5.2   Energieeffizienz

Bei den Versuchen zur Bestimmung der Energieeffizienz wurden die Anlage zunächst in den stationären Zustand überführt und dann sukzessive folgende Prozessgrößen variiert:

- t_{vwz}: 15; 20; 27 min

- $P_{MW,brutto}$: 700; 1000; 1300 W

- v_{zu}: 3,2; 6,4; 9,6 m·s^{-1}

- ϑ_{zu}: 130; 150 °C

Jede Einstellung wurde nur einmal gefahren. Um die Energieeffizienz bewerten zu können, wird der spezifische Energieeintrag verwendet. Demzufolge ist ein Prozess genau dann effizienter als ein Vergleichsprozess, wenn zum Erreichen eines gegebenen Ziels weniger Energie je kg Produkt benötigt wird. Dieser spezifische Energieeintrag E_m, errechnet sich im gegebenen Anwendungsfall zu:

$$E_m = \frac{t_{vwz}}{m_{kakao}} \cdot \left(P_{MW,brutto} + \rho_{luft} \cdot c_{p,luft} \cdot \left(\vartheta_{zu} - \vartheta_{rt} \right) \cdot \dot{V}_{zu} \right) \tag{6.5}$$

Als Vergleichsgrößen wurden der Wassergehalt *WG* und die mittlere Temperatur der Schüttung $\vartheta_{b,aus}$ herangezogen.

6.5.3 Homogenität des Erwärmungsverhaltens

Zur Untersuchung der Homogenität der Erwärmung wurde die Kerntemperatur einzelner Bohnen erfasst, während sie den Prozess durchliefen. Hierdurch sollte überprüft werden, welchen Einfluss der Pfad der Bohne durch den Röstschacht auf ihr Erwärmungsverhalten hat. Hierfür wurden faseroptische Temperatursensoren verwendet. Die zu vermessende Bohne wurde längs angebohrt, mit einem Temperaturfühler präpariert und durch den oberen Choke am Luftauslass in der Schüttung platziert. Um die Bohne exakt platzieren und fixieren zu können, musste der Prozess kurz unterbrochen und die Anlage geöffnet werden. 5 Bohnenpositionen wurden hierbei unterschieden. Alle Messungen wurden im stationären Betriebszustand durchgeführt. Der Versuchsaufbau und die Positionen der Bohnen können Abb. 6.2 entnommen werden. Mittelwerte beziehen sich auf drei unabhängige Messungen.

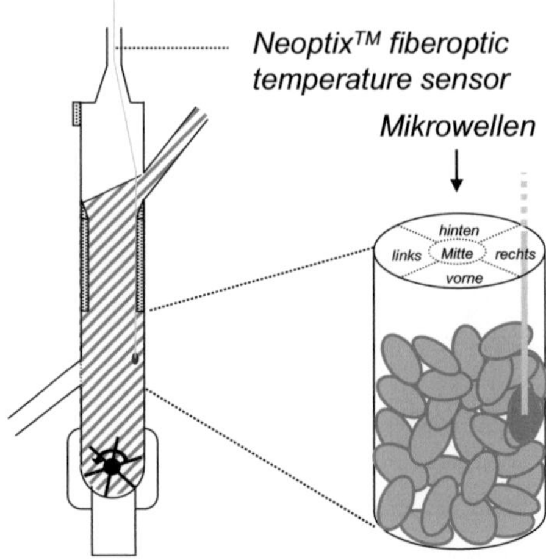

Abb. 6.2: Messung der Bohnenkerntemperatur [SCHEFFLER 2009].

Für die Auswertung der Versuche wurden die Kerntemperaturen mit den Gleichungen aus Anhang A 2.6 in eine Enthalpiegröße umgerechnet.

6.5.4 Erwärmungsverhalten einzelner Kakaobohnen unter Konkurrenz

Um zu untersuchen, welchen Einfluss die Größe einzelner Bohnen auf das Erwärmungsverhalten zweier Bohnen unter Konkurrenz hat, wurden Erwärmungsversuche vereinzelter Bohnen unter Konkurrenz in einem Haushaltsmikrowellenofen durchgeführt und der Anstieg ihrer Kerntemperatur protokolliert.

Für die Versuche wurde Ofen D, der zuvor warmgefahren wurde, ohne Drehteller verwendet. Über einen Aluchoke konnte mithilfe faseroptischer Temperatursensoren (Neoptix) unmittelbar im Prozess die Kerntemperatur der zu untersuchenden Bohnen gemessen und protokolliert werden.

Zwei Bohnen, deren Verhalten unter Konkurrenz untersucht werden sollte, wurden zunächst entlang der Längsachse so angebohrt, dass ein Temperaturfühler in ihrem Zentrum platziert werden konnte. Die Bohnen wurden dann auf 40 °C temperiert, um den Aufschmelzvorgang der Kakaobutter als Störfaktor in den Experimenten ausschließen zu können und auf einem Kunststoffsockel im Prozessraum platziert. Zusätzlich zu den beiden Versuchsbohnen wurden 15 g ± 0,05 g kalte geröstete Bohnen mit im Mikrowellenofen platziert, um eine gewisse Mindestlast im Prozessraum zu garantieren. Schließlich wurden die Bohnen bei voller Leistung für 40 s im Mikrowellenofen erhitzt und die mittlere massenbezogene Leistungsaufnahme gemäß Gleichung (6.6) im Zeitintervall [5 s...35 s] berechnet. h bezieht sich hierbei auf die Enthalpie der Kakaobohnen nach Anhang A 2.6.

$$\overline{P}_m = \frac{h\left(\vartheta\left(t_2\right)\right) - h\left(\vartheta\left(t_1\right)\right)}{\Delta t} \tag{6.6}$$

Mittelwerte und Standardabweichungen beziehen sich auf mindestens vier unabhängige Versuche.

Für Versuche zur Größenabhängigkeit des Erwärmungsverhaltens unter Konkurrenz wurden drei Bohnentypen verwendet: kleine, flache und große Bohnen. Die charakteristischen Abmessungen der drei Bohnen-klassen sind in Tab. 6.1 zusammengefasst.

Tab. 6.1: Bohnenklassen für Versuche zur Größenabhängigkeit des Erwär-mungsverhaltens unter Konkurrenz.

Klasse	m / g	x / mm	y / mm	z / mm
Klein	0,6 ± 0,06	17,7 ± 0,6	7,4 ± 0,6	9,7 ± 0,5
Flach	1,5 ± 0,11	26,5 ± 1,0	7,0 ± 0,3	14,0 ± 0,5
Groß	1,7 ± 0,04	24,4 ± 1,0	10,5 ± 0,6	13,4 ± 0,5

6.6 Simulation der Mikrowellenerwärmung

Die Versuche zur Homogenität der Erwärmung der Kakaobohnen-schüttung über den Querschnitt des Röstschachtes (vgl. Abschnitt 6.5.3) wurden durch eine numerische Simulation ergänzt.

Für die numerische Berechnung der Feldverteilung in der Anlage stand für diese Arbeit die kommerziell erhältliche Software QuickWave 7.0 zur Verfügung, die die Maxwellschen Gleichungen im dreidimensionalen Raum nach der FDTD-Methode (finite difference time domain) löst.

In dieser Arbeit wurden anhand einer Simulation die radiale Feldvertei-lung im Röstschacht und hierdurch bedingte Inhomogenitäten im Erwär-mungsverhalten qualitativ abgeschätzt. Das hierzu verwendete Modell orientiert sich am Modell KNOERZERS, das er mittels einer dreidimensio-nalen NMR-basierten Temperaturmessung validieren konnte [KNOERZER, 2006]. KNOERZER konnte in seiner Simulation auf eine Anpassung bzw. eine Simulation des zuführenden Wellenleiters verzichten, da er ein offenes System wählte (sein Hohlleiter war zur Umgebung offen), in dem keine stehenden Wellen auftreten können. Auf die Berücksichtigung von Wandverlusten konnte er aus demselben Grund verzichten, da hohe Q-Faktoren durch die offene Betriebsweise ausgeschlossen sind.

Die in dieser Arbeit verwendete Geometrie ist in Abb. 6.3 dargestellt. Als dielektrische Eigenschaften des Kakaos wurden die dielektrischen

Eigenschaften einer Bohnenschüttung bei 60 °C als quasikontinuier-liches Medium verwendet (1,9-0,09 i, vgl. Anhang A 2.7).

Für die Auswertung der Simulationsdaten wurde die dissipierte Leistung je Zelle (P_{diss} / W/Zelle) über ein Matlabskript aus den Simulationsdaten ausgelesen, über die Länge des Röstschachtes (z) aufsummiert und durch die Querschnittsfläche des jeweiligen Pfades ($x_{cell} \cdot y_{cell}$) sowie die Länge des Röstschachtes (z) geteilt, um einen Volumenbezug (P_V) herzustellen. Dargestellt werden die Daten dann relativ zum Maximal-wert $P_{V,max}$ als Funktion der Breite x und Tiefe y des Röstschachtes.

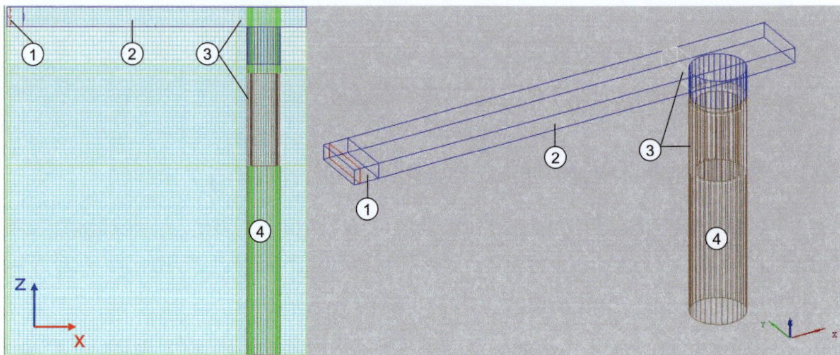

Abb. 6.3:   Modell des Schachträsters für die Simulation, 2d-Ansicht (links), 3d-Ansicht (rechts); (1) Mikrowelleneinkopplung, (2) Speisehohl-leiter „Luft", (3) Abschirmungen „Teflon", (4) Röstschacht „Kakao".

Hierdurch entsteht ein qualitatives Bild des radialen Leistungseintrags, den eine Bohne erfährt, wenn sie sich senkrecht entlang eines Pfades durch den Röstschacht bewegt.

Simulationen sind sinnvoll und zulässig, wenn entweder, wie in diesem Fall, bereits im Vorfeld eine bereits durch experimentelle Daten ge-stützte Arbeitshypothese besteht oder aber die Richtigkeit der Ergeb-nisse an bekannten Geometrien so weit validiert wurde, dass auch bei zunehmendem Komplexitätsgrad richtige Ergebnisse erwartet werden können. In jedem Einzelfall muss entschieden werden, ob Verein-fachungen aus dem validierten Basismodell auch in dem zu unter-suchenden abgewandelten Anwendungsfall noch zulässig sind.

Im Mikrowellenbereich kann beispielsweise häufig auf Wandverluste verzichtet werden. Steigt der Q-Faktor einer Anlage allerdings zu stark an, so können sie nicht mehr vernachlässigt werden und müssen explizit in der Simulation berücksichtigt werden [METAXAS, 1983]. Die Grenze ist fließend und es muss im Einzelfall – beispielsweise durch eine Sensitivitätsanalyse – entschieden werden, ob der resultierende Fehler hinnehmbar ist oder nicht.

In diesem Fall ergab die Sensitivitätsanalyse, dass Wandverluste durch Wirbelströme im Metall vernachlässigt werden können, so dass das Wandmaterial nicht näher spezifiziert werden musste.

6.7 Ergebnisse

6.7.1 Anfahrverhalten, Stabilität und Reproduzierbarkeit

In Abb. 6.4 ist das Anfahrverhalten des Standardprozesses aus dem kalten Zustand heraus dargestellt. Sowohl die unmittelbar in der Anlage gemessenen Temperaturen in der Schüttung $\vartheta_{b,3}$ und $\vartheta_{b,4}$ (s. Abschnitt 6.4.5), als auch die charakteristischen Kenngrößen des fertigen Produktes – mittlere Bohnentemperatur $\vartheta_{b,aus}$ und Wassergehalt WG – weisen darauf hin, dass der Prozess erst nach etwa 50 min einen stationären Zustand erreicht. Folglich können erst nach Ablauf dieser Anlaufphase Produktproben für die Analyse einer Parameterkombination genommen, sowie zuverlässige Daten für eine energetische Betrachtung aufgezeichnet werden.

Im stationären Zustand waren die erfassten Daten sowohl innerhalb eines Versuches stabil (Zeitachse) als auch im Vergleich mehrerer Versuche reproduzierbar (Standardabweichung). Die für eine Röstung notwendigen Temperaturen oberhalb von 120 °C, sowie ein Zielwassergehalt von 2 % wurden unter Standardprozessbedingungen problemlos erreicht.

Die im unteren Bereich des Röstschachtes zwischen Heißluftzuführung und Zellradschleuse kontinuierlich aufgezeichneten Schütttemperaturen 3 ($\vartheta_{b,3}$) und 4 ($\vartheta_{b,4}$) stellten sich als gute Indikatoren für die mittlere Bohnentemperatur $\vartheta_{b,aus}$ und somit für die Röstbedingungen heraus.

Durch einen Industriepartner verkosteten Proben aus diesem Standard-prozess wurde ein gutes Aromaprofil bescheinigt.

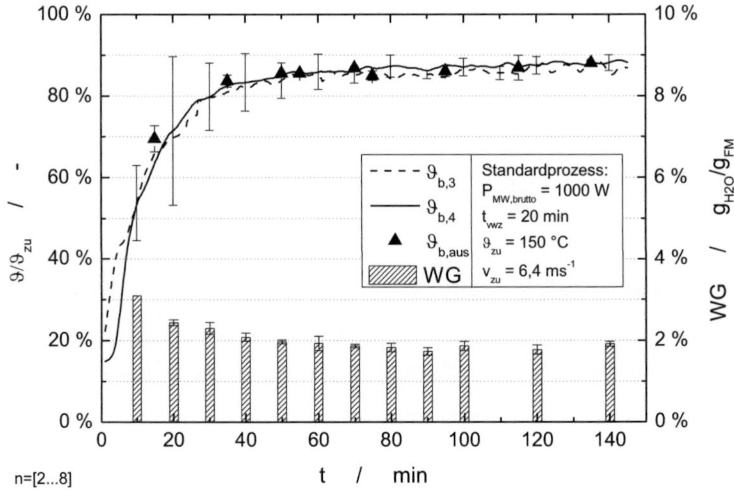

Abb. 6.4: Anfahrverhalten, Stabilität und Reproduzierbarkeit des Standard-prozesses zur mikrowellenunterstützten Röstung.

6.7.2   Energieeffizienz

Der Nachweis der Energieeffizienz des entwickelten Prozesses lässt sich über eine Betrachtung seines Wirkungsgrades führen.

Hierbei sind zwei Betrachtungsweisen von Interesse: zum einen der absolute Wirkungsgrad der Mikrowellen auf der Basis der eingesetzten Bruttoenergie, zum anderen aber auch der relative Wirkungsgrad im Vergleich zum Wirkungsgrad eines konventionellen Referenzprozesses. Das Ziel einer effizienten Mikrowellenanwendung muss es sein, die Effizienz des konventionellen Prozesses zu übertreffen, sofern nicht qualitative Gründe wie zum Beispiel beim Mikrowellenvakuum-Puffing den Einsatz der teureren Technologie rechfertigen. Hierzu muss der mikrowellenunterstützte Prozess ein gegebenes Ziel unter Einsatz eines niedrigeren spezifischen Energieeintrags erreichen. Für die beiden Größen Wassergehalt und mittlere Bohnentemperatur soll dieser Sachverhalt für die hier vorgestellte Prozessführung untersucht werden.

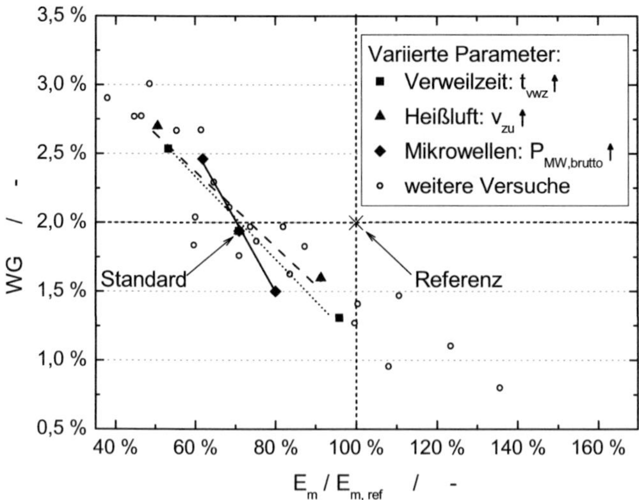

Abb. 6.5: Bei der mikrowellenunterstützten Röstung erreichter Wasser-gehalt in Abhängigkeit des relativen spezifischen Energieeintrags [HIMBERG 2008].

In Abb. 6.5 ist der in verschiedenen Parameterkombinationen erreichte Endwassergehalt *WG* der Bohnen als Funktion des relativen spezifi-schen Energieeintrags $E_m/E_{m,ref}$ aufgetragen. Der ebenfalls angegebene Referenzprozess bezieht sich hierbei auf eine Größe, die uns von einem Industriepartner als Benchmark angegeben wurde und soll dabei helfen, die erreichte Effizienz richtig einzuordnen. Er darf nicht verwechselt werden mit dem Standardprozess, der in diesem Diagramm als schwar-zes Symbol hervorgehoben bei etwa 2 % Wassergehalt und einem relativen spezifischen Energieeintrag von 70 % zu finden ist.

Ausgehend von diesem Standardprozess (1000 W, 6,4 m/s, 150 °C, 20 min) wurde gezielt eine Erhöhung bzw. Erniedrigung des spezifi-schen Energieeintrags durch Variation von Verweilzeit (■), Heißluftstrom (▲) und Mikrowellenleistung (◆) herbeigeführt. Vergleichend ist die Effizienz weiterer durchgeführter Versuche angegeben (o). Es ist zu erkennen, dass ausgehend von den Standardbedingungen eine Verän-derung des spezifischen Energieeintrags durch Variation der Mikro-wellenleistung den größten Einfluss auf den Wassergehalt hat.

In Abb. 6.6 ist der gleiche Zusammenhang für die mittlere Bohnentemperatur $\vartheta_{b,aus}$ dargestellt. Wiederum hat eine Erhöhung des spezifischen Energieeintrags durch Anheben der Mikrowellenleistung den größten Einfluss auf das Zielkriterium. Betrachtet man den Anstieg der Temperatur mit steigendem spezifischem Energieeintrag im Detail, so fällt auf, dass die Effizienz des konvektiven Luftstroms insbesondere auf einem hohen Temperaturniveau im Vergleich zur Mikrowellenleistung abfällt.

Dieser Zusammenhang kommt umso stärker zum Tragen, je näher sich die Zieltemperatur der Temperatur des Heißluftstroms annähert. Dies lässt sich dadurch erklären, dass im Produkt die Temperatur des Heißluftstromes im rein konvektiven Betrieb theoretisch für sehr große Volumenströme erreicht, nie aber überschritten werden kann.

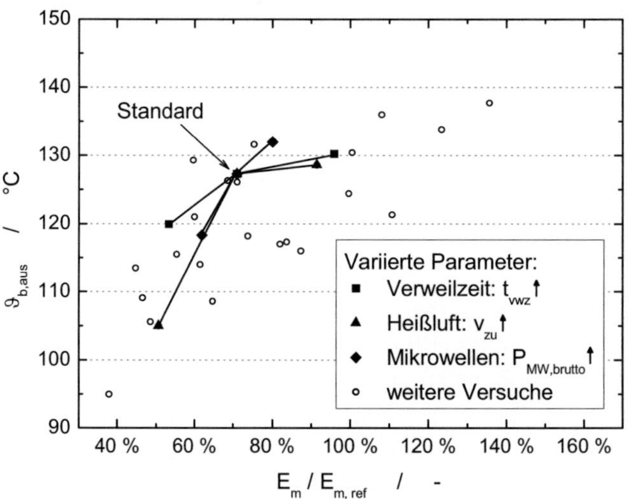

Abb. 6.6: Bei der mikrowellenunterstützten Röstung erreichte mittlere Bohnentemperatur in Abhängigkeit von der spezifischen Energie.

Hierin liegt der gute Wirkungsgrad von Mikrowellen in hybriden Prozessen begründet. Während der Grenzwirkungsgrad eines konvektiven Luftstroms sinkt, je höher das bereits erreichte Temperaturniveau ist, so bleibt er bei Mikrowellen annähernd erhalten. Unter Grenzwirkungsgrad wird hierbei der Wirkungsgrad eines inifinitesimalen zusätzlichen Leistungseintrags verstanden. Mikrowellen lassen sich auf jedem beliebigen Temperaturniveau mit einem ähnlichen Wirkungsgrad einkoppeln. Dieser ist auf einem Niveau von 60-80 % solide und berechenbar.

In einem reinen Mikrowellenbetrieb bei 1000 W und einer Verweilzeit von 20 min wurde eine mittlere Bohnentemperatur von $\vartheta_{b,aus}$ = 99 °C erreicht. Dies entspricht ausgehend von Raumtemperatur einer Effizienz des Leistungseintrags von 65 % bezogen auf den Bruttoenergieeintrag und 80 % auf die angebotene Mikrowellenleistung und stellt die untere Schranke für die Effizienz des vorgestellten Anwendungsfalls dar. Die Effizienz des Leistungseintrags in das Produkt muss höher liegen, da mit Abstrahlverlusten, die nicht mikrowellenspezifisch sind, sondern in der Dämmung des Prozesses begründet liegen, gerechnet werden muss.

Für einen hybriden Prozess ergibt sich hieraus folgende Konsequenz: Sobald der Grenzwirkungsgrad eines konvektiven Luftstroms unter das 60-80 %-Niveau fällt, kann ein gezielter Einsatz von Mikrowellen den Gesamtwirkungsgrad des Prozesses verbessern. Die notwendige Betrachtung der Kosten des Energieeinsatzes (elektrischer Strom) und der erhöhten Investitionskosten bleibt hiervon unberührt und ist im Einzelfall abzuschätzen. Je gezielter der Einsatz ausfällt, desto geringer fallen im Übrigen auch alle Probleme aus, die im Zusammenhang mit Mikrowellen induzierten Temperaturgradienten stehen.

Das Problem des niedrigen Grenzwirkungsgrades eines konvektiven Heißluftstroms kann nur durch ein Anheben der Heißluftstromtemperatur oder eine Wärmerückgewinnung behoben werden. Ersteres ist im Anwendungsfall Kakaobohnenröstung ganzer Bohnen nicht möglich, da der Prozess zwar effizienter würde, es aber zu Verbrennungen im äußeren Bereich der Bohnen käme, die dann Temperaturen deutlich oberhalb 150 °C ausgesetzt wären. Die zweite Möglichkeit, eine Wärmerückgewinnung, ist aufgrund der mit Essigsäure beladenen Röstabgase nur mit großem apparativem Aufwand möglich, so dass industriell bislang meist darauf verzichtet wird.

Hieraus ergeben sich zwei Voraussetzungen die zusammengenommen den Einsatz von Mikrowellen zur Effizienzerhöhung konventioneller Prozesse zu rechtfertigen scheinen:

- Begrenzte Möglichkeiten zur Wärmerückgewinnung

- Zieltemperaturen, die nahe an den maximal zulässigen Produkttemperaturen liegen.

6.7.3   Homogenität des Erwärmungsverhaltens

Wenn sich eine Kakaobohnenschüttung über den Querschnitt des Röstschachtes gleichmäßig erwärmt und entlang der Achse des Röstschachtes gleichmäßig bewegt, so müsste es für den Röstverlauf theoretisch irrelevant sein, welchen Weg eine Kakaobohne durch den Prozessraum wählt. In der Realität wird dieser Idealfall durch eine über den Querschnitt nicht konstante Leistungsaufnahme und einen ungleichmäßigen Produktfluss gestört.

Um dies experimentell im vorliegenden Prozess zu untersuchen, wurde die Bohnenkerntemperatur einzelner Bohnen entlang verschiedener Pfade im Röstprozess dokumentiert.

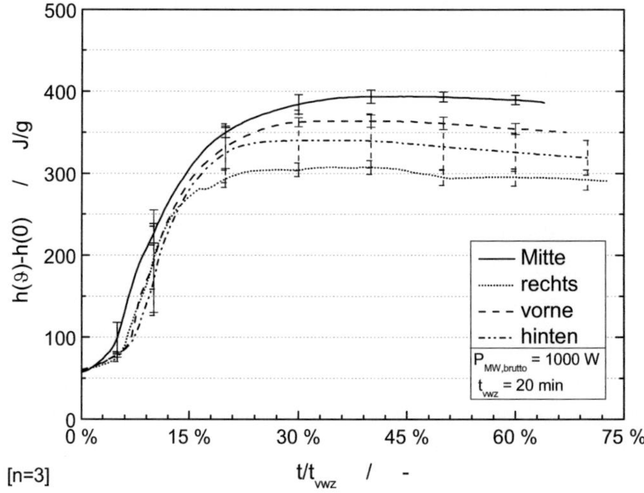

Abb. 6.7: Aufgenommene Wärmemenge entlang verschiedener Pfade durch den Röstprozessor in einem reinen Mikrowellenbetrieb (1000 W).

Um die quantitative Leistungsaufnahme deutlicher hervorzuheben, wurden die Temperaturdaten in Enthalpiegrößen entsprechend Abschnitt A

2.6 umgerechnet. In Abb. 6.7 ist die entlang verschiedener Pfade aufgenommene Wärmemenge als Funktion der Verweilzeit im reinen Mikrowellenbetrieb (P_{MW} = 1000 W; t_{vwz} = 20 min) aufgetragen. Im Zentrum des Querschnitts wurde gegenüber den Randbereichen ein signifikant erhöhtes Enthalpieniveau erreicht (Hot Spot). Auch in den Randbereichen unterscheidet sich das erreichte Enthalpieniveau signifikant und ist somit nicht rotationssymmetrisch.

Es stellt sich nun die Frage, ob der negative Temperaturgradient hin zu den Randbereichen des Prozesses ursächlich auf eine inhomogene Feldverteilung zurückzuführen ist oder lediglich auf die Temperaturdifferenz von Prozess und Umgebung oder das Fließverhalten.

Um dies modellhaft zu überprüfen, wurde der Leistungseintrag in den Röstschacht anhand eines vereinfachten Modells der Anlage (s. Abb. 6.3) simuliert. Die Ergebnisse sind in Abb. 6.8 dargestellt. Offensichtlich kommt es im Zentrum des Prozessraumes in der Tat zu einer Überhöhung der Leistungsaufnahme der Schüttung.

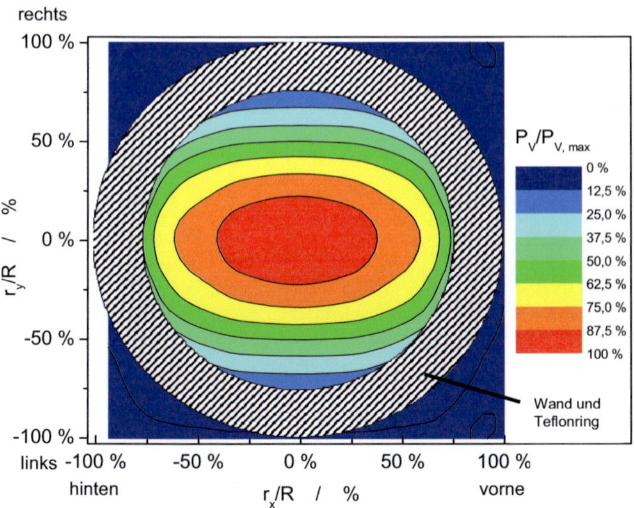

Abb. 6.8: Normierter Gesamtleistungseintrag über den Querschnitt des Röstschachts im reinen Mikrowellenbetrieb, Simulationsergebnisse.

Zweitens bestätigt sich in der Simulation die Vermutung, dass die sich einstellende Feldverteilung nicht rotationssymmetrisch ist. Der Leistungsabfall in y-Richtung (vgl. Abb. 6.3 im Experiment quer zum Speisehohlleiter: rechts und links) fällt deutlich stärker aus als in x-Richtung. Auch dies stimmt qualitativ mit den experimentellen Ergebnissen überein.

Die Inhomogenität in der radialen Temperaturverteilung ist somit ursächlich auf die inhomogene Feldverteilung im Röstschacht zurückzuführen.

Um zu überprüfen, inwiefern der Heißluftstrom dazu beiträgt, diese Inhomogenität im Leistungseintrag auszugleichen, wurde die Bohnenkerntemperatur einzelner Bohnen im Prozessverlauf in einer hybriden Betriebsweise aufgezeichnet und mit der reinen Mikrowellenbetriebsweise verglichen.

In Abb. 6.9 ist die Enthalpieerhöhung im Hot Spot und im Cold Spot des reinen Mikrowellenbetriebs dem Enthalpieniveau im hybriden Standardprozess gegenübergestellt.

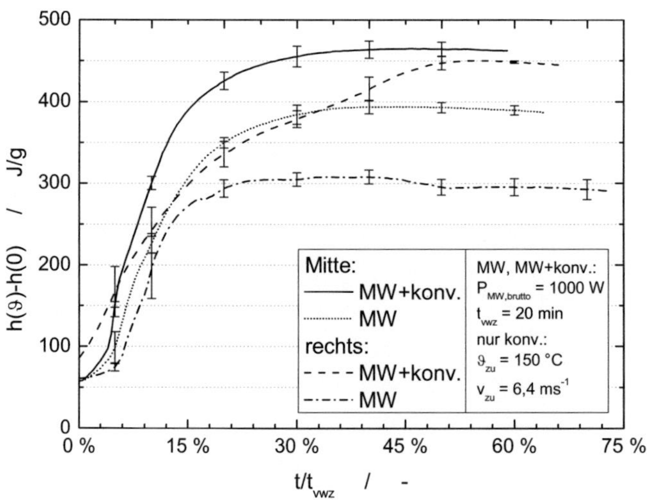

Abb. 6.9: Aufgenommene Wärmemenge im Zentrum und am Rand (rechts, vgl. Abb. 6.2) des Röstschachtes im reinen Mikrowellenbetrieb (1000 W, 20 min) und einer hybriden Betriebsweise (1000 W, 6,4 m/s, 150 °C, 20 min).

Es ist zu erkennen, dass der Heißluftstrom in diesem Fall in der Lage ist, die Temperaturdifferenz zwischen Cold Spot und Hot Spot auszugleichen. Die für eine Röstung notwendigen Temperaturen werden also in allen Bereichen der Kakaobohnenschüttung auch im Zentrum der Bohnen erreicht.

Diese Erkenntnis soll allerdings nicht darüber hinwegtäuschen, dass eine gewisse Inhomogenität im Röstergebnis aufgrund des unterschiedlichen Aufheizverhaltens verbunden mit der Zeit-Temperatur-Abhängigkeit der ablaufenden Maillardreaktionen dennoch auftritt. Gegenüber einem reinen Mikrowellenbetrieb wird diese feldverursachte Inhomogenität durch die hybride Betriebsweise jedoch deutlich reduziert.

6.7.4 Erwärmungsverhalten einzelner Kakaobohnen unter Konkurrenz

Da Kakaobohnen als Naturprodukt einer Größenverteilung unterliegen, wurde geprüft, welchen Einfluss Bohnengröße und Bohnenzustand auf das Erwärmungsverhalten zweier Bohnen unter Konkurrenz haben. Wie in Kapitel 5 erarbeitet wurde, kann eine inhomogene Leistungsaufnahme, die ursächlich auf der Partikelgrößenverteilung der Kakaobohnen beruht, prozesstechnisch nicht mehr ausgeglichen werden. Eine ungleiche volumenbezogene Leistungsaufnahme ist dabei aus folgendem Grund problematisch:

Während der Temperaturausgleich innerhalb einer Bohne lediglich durch die Wärmeleitfähigkeit der Kakaomasse limitiert wird, ist für den Wärmeaustausch zweier Bohnen ein Wärmeübergang an limitierten Grenzflächen, den Berührungspunkten der Bohnen in der Schüttung, oder ein Wärmedurchgang durch einen Luftspalt notwendig. Ein Temperaturausgleich zwischen Bohnen wird somit erschwert. Es ist also vorteilhaft, die Leistung direkt gleichmäßig auf alle Bohnen zu verteilen.

In Abb. 6.10 ist die normierte volumenbezogene Leistungsaufnahme P_V/P_A von Kakaobohnen als Funktion des Volumens aufgetragen. Für die Berechnung wurden die dielektrischen Eigenschaften von Kakao bei der Partikelporosität einzelner Bohnen verwendet (s. Anhang A 2.7). Die hervorgehobenen 3 Bohnengrößen entsprechen den 5 %-, 50 %- und

95 %-Quantilen gemäß der Partikelmassenverteilung der verwendeten Kakaobohnen (vgl. Abb. A.1 im Anhang).

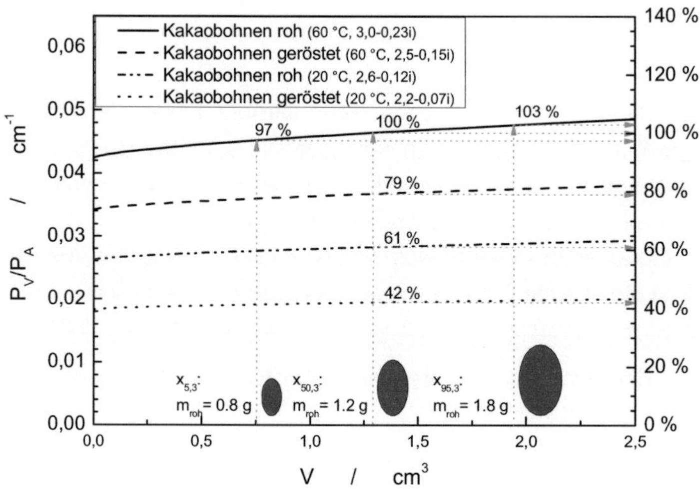

Abb. 6.10: *Normierte volumenbezogene Leistungsaufnahme von Kakaobohnen bei 2,45 GHz.*

Es ist zu erkennen, dass die Bohnengröße in der Größenordnung von Kakaobohnen für die Leistungsaufnahme eine untergeordnete Rolle spielen sollte. Größer ist der Einfluss des Röstens und damit der einer Abnahme des Wassergehalts einzuschätzen, wobei sich geröstete Bohnen sowohl bei 20 °C als auch bei 60 °C der Theorie nach schlechter erwärmen als ungeröstete. In einem Röstprozess ist dies durchaus erwünscht, weil sich hierdurch die Leistungsaufnahme bereits gerösteter Bohnen automatisch reguliert.

Als problematisch ist allerdings die Erhöhung der Leistungsaufnahme durch ein Aufschmelzen der Kakaobutter in der Bohne bei einer Erwärmung von 20 °C auf 60 °C einzuschätzen. Werden kalte Bohnen unter Konkurrenz in einem Mikrowellenofen erwärmt, so wird die Leistungsaufnahme der Bohne, die sich zu Beginn am besten erwärmt und in der aus diesem Grund als erstes die Schmelztemperatur der Kakaobutter erreicht wird, darüber hinaus gestärkt. Es kommt zu einem „Thermal Runaway". Ein gleichmäßiges konventionelles Vorheizen aller

Bohnen auf eine Temperatur oberhalb des Schmelzpunktes der Kakaobutter würde daher unter sonst gleichen Bedingungen zu einem gleichmäßigeren Erwärmungsverhalten der Kakaobohnenschüttung durch Mikrowellen beitragen und sollte bei einer Weiterentwicklung des Prozesses in Betracht gezogen werden.

In Abb. 6.11 sind die experimentellen Ergebnisse zur Leistungsaufnahme unter Konkurrenz der drei Bohnenpaare klein/flach, klein/groß und flach/groß dargestellt. Nur die Unterschiede des Bohnenpaares flach/groß sind signifikant. Rein rechnerisch ergibt sich bei allen drei Paarungen ein Unterschied in der massenbezogenen Leistungsaufnahme von etwa 15 %, der somit etwas größer ausfällt, als es die Theorie vorhersagt. Dabei wird streng die folgende Reihenfolge eingehalten:

$$\overline{P}_m(klein) < \overline{P}_m(gro\beta) < \overline{P}_m(flach) \tag{6.7}$$

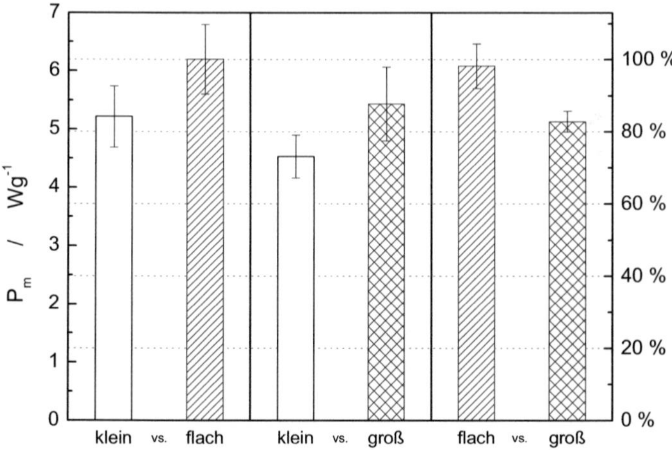

Abb. 6.11: Mittlere massenbezogene Leistungsaufnahme kleiner, flacher und großer ungerösteter Kakaobohnen unter Konkurrenz in einem Haushaltsmikrowellenofen (Ofen D).

Neben dem reinen Volumeneffekt, dass sich große Bohnen etwas besser erwärmen als kleine, kommt hier offensichtlich noch ein Formeffekt zum Tragen, der nicht Gegenstand der Untersuchungen dieser Arbeit war. Gründe hierfür sind möglicherweise in der Antennentheorie zu suchen – flache Kakaobohnen sind demnach die besseren Mikrowellenantennen und besitzen eine Richtwirkung zugunsten der Polarisationsebene, die parallel zu ihrer Längsachse liegt. In dieser Vorzugsrichtung absorbieren diese Kakaobohnen bei gleicher Leistungsdichte signifikant mehr Leistung.

Da in dieser Arbeit bislang immer von kugelförmigen Körpern ausgegangen worden ist, wird diese Richtwirkung vernachlässigt und stellt mit zunehmender Abweichung von dieser Idealvorstellung eine Fehlerquelle dar. Die Fehlerquelle beschränkt sich dabei nicht nur auf grundsätzlich unterschiedliche Abmessungen (klein, groß, flach), sondern auch auf die Ausrichtung der Bohne im Feld. Eine Bewegung der Kakaobohnen kann in diesem Fall von Vorteil sein. Aus diesem Grund sollte für zukünftige Entwicklungen eine Auslegung als Trommelröster mit in Betracht gezogen werden. Eine Untersuchung der Richtwirkung von Dielektrika in Mikrowellenöfen unter Einbeziehung der Antennentheorie verspricht in jedem Fall interessante Ergebnisse.

6.8   Kapitelzusammenfassung

Unter Einbeziehung der im vorangegangenen Kapitel entwickelten Auslegungskriterien wurde ein mikrowellenunterstützter Schachtröster zum Rösten von Kakaobohnen entwickelt. Die notwendigen Temperaturen (>120 °C) und Wassergehalte (<2 %) wurden im Prozess erreicht und waren stabil und reproduzierbar.

Im reinen Mikrowellenbetrieb wurde ein zufriedenstellender Wirkungsgrad von wenigstens 80 % bezogen auf die angebotene Mikrowellenleistung erreicht, der gleichzeitig dem Grenzwirkungsgrad der Mikrowelleneinkopplung entspricht. Darüber hinaus stellte sich für die Effizienz eine hybride Betriebsweise als besonders vorteilhaft heraus. Es konnte gezeigt werden, dass für die Effizienzsteigerung durch Mikrowellen im hybriden Prozess nicht der mittlere Wirkungsgrad des konvektiven Betriebes übertroffen werden muss, sondern lediglich sein Grenzwirkungsgrad. Hiermit war es möglich im hybriden Prozess die Effizienz eines vorgegebenen konventionellen Prozesses deutlich zu übertreffen. Als Voraussetzung für eine Effizienzsteigerung konventioneller Prozesse durch Mikrowellen in hybriden Prozessen wurden die folgenden beiden Kriterien identifiziert, die auch auf das Rösten von Kakaobohnen zutreffen:

- Begrenzte Möglichkeiten zur Wärmerückgewinnung

- Zieltemperaturen, die nahe an den maximal zulässigen Produkttemperaturen liegen.

Als problematisch stellte sich der inhomogene Leistungseintrag in der gewählten monomodalen Bauweise über den Querschnitt des Röstschachtes heraus, der experimentell beobachtet wurde und sich in der Simulation bestätigte. Es konnte allerdings gezeigt werden, dass der eingesetzte Heißluftstrom im hybriden Betrieb dazu geeignet ist, die Temperaturdifferenz zwischen Cold Spot und Hot Spot auszugleichen. Die für eine Röstung notwendigen Temperaturen werden also in allen Bereichen der Kakaobohnenschüttung auch im Zentrum der Bohnen erreicht.

Schließlich wurde das Konkurrenzverhalten einzelner Kakaobohnen untersucht, um abzuschätzen, inwiefern Inhomogenitäten in der Kakaobohnenschüttung zu einem inhomogenen Erwärmungsverhalten beitragen können. Danach führt die Partikelgrößenverteilung innerhalb der Kakaobohnenschüttung zu einer Abweichung in der Leistungsaufnahme von maximal 15 %. Die durch die normierte volumenbezogene Leistungsaufnahme P_V/P_A theoretisch vorhergesagte geringe Größenabhängigkeit des Erwärmungsverhaltens von Kakaobohnen wurde damit experimentell bestätigt.

7 Zusammenfassung und Ausblick

Die Idee zur Erwärmung von Lebensmitteln durch Mikrowellen wird im Jahr 2010 65 Jahre alt. Im Haushaltsbereich fest etabliert, werden die Anwendungsmöglichkeiten von Mikrowellen in industriellen Prozessen immer noch tendenziell unterschätzt. Es fehlt ein allgemeiner Ansatz zur Beurteilung, unter welchen Voraussetzungen sich ein Produkt unter qualitativen und unter Effizienzgesichtspunkten für eine Mikrowellenanwendung eignet. Das Literaturspektrum gibt hierzu nur für jeweils spezielle Anwendungsbereiche allein Hinweise.

In diesem Zusammenhang wurden zwei zentrale Fragestellungen identifiziert, deren Beantwortung dazu beitragen kann, diese Lücke zu schließen: Erstens, wie das lastspezifische Absorptionsvermögen von Lasten aus unterschiedlichen Stoffen und unterschiedlicher Größe vergleichbar gemacht werden kann, und zweitens, welchen Einfluss das lastspezifische Absorptionsvermögen auf die Effizienz von Mikrowellenprozessen nimmt.

Ausgehend vom Prinzip der Energieerhaltung wurde der Begriff der **Leistungsaufnahme unter Konkurrenz** eingeführt, einem Zustand, in dem mehrere Lasten und die Anlage selbst um die angebotene Mikrowellenleistung konkurrieren. In einem solchen Konkurrenzfall steht die Leistungsaufnahme eines jeden Körpers in einem Gleichgewicht mit der Leistungsaufnahme aller anderen verlustbehafteten Körper in der Anlage, sowie der Anlage selbst. Die Gleichgewichtsbedingung ist eine konstante Leistungsdichte.

Es werden zwei Arten der Konkurrenz unterschieden:

    I.   **Konkurrenz durch eine zweite Last**

    II.   **Konkurrenz durch die Anlage.**

Für die Beurteilung des Konkurrenzverhaltens wurden zunächst Kennzahlen entwickelt, die es ermöglichen, die stoff- und größenabhängige volumenbezogene Leistungsaufnahme von Körpern bei gegebener Leistungsdichte zu bewerten. In einem ersten Schritt wurde analysiert, welche Größe auf *stofflicher Ebene* einen Vergleich des Absorptionsvermögens zweier Materialien ermöglicht. Es wurde auf theoretischer Ebene nachgewiesen, dass weder die Verlustzahl ε'' noch der Verlustfaktor *tan δ* eine eindeutige Bewertung der Leistungsaufnahme bei gegebener Leistungsdichte zulässt. Demgegenüber existiert eine Proportionalität der volumenbezogenen Leistungsaufnahme zur **normierten Verlustzahl** $\varepsilon''\!/\!\sqrt{\varepsilon'}$, die eng verwandt ist mit der theoretischen Eindringtiefe. In einem zweiten Schritt wurde auf der Basis der Mie-Theorie die **normierte volumenbezogene Leistungsaufnahme P_V/P_A** als neue prozesscharakterisierende Kennzahl hergeleitet, die es auf *Lastebene* ermöglicht, die volumenbezogene Leistungsaufnahme sphärischer Lasten bei gegebener Leistungsdichte zu vergleichen.

Die normierte volumenbezogene Leistungsaufnahme P_V/P_A wurde dann dazu herangezogen die *Konkurrenz durch eine zweite Last* zu bewerten. Es konnte gezeigt werden, dass die normierte volumenbezogene Leistungsaufnahme P_V/P_A auch im allgemeinen Fall bei sich deutlich unterscheidenden Lastgrößen und Abweichung von der Kugelform eine sinnvolle Hilfestellung geben kann, das größen- und stoffabhängige Konkurrenzverhalten dielektrischer Lasten in Mikrowellenprozessen abzuschätzen.

Es konnte weiter gezeigt werden, dass ein in der Literatur bei ZHANG beschriebener Ansatz, man könne aus der Leistungsaufnahme einzelner Lasten unmittelbar auf die Leistungsaufnahme mehrerer Lasten unter Konkurrenz schließen, nur für den Spezialfall gilt, dass sich Größe und dielektrische Eigenschaften nicht zu stark unterscheiden. Für den allgemeinen Fall, der auch sich stark unterscheidender Volumina und/oder dielektrischer Eigenschaften einschließt, wurde die Hypothese ZHANGS widerlegt.

Im praktischen Anwendungsfall ermöglicht das hier vorgestellte Konzept zu bewerten, ob Unterschiede in der Leistungsaufnahme zweier Lasten ursächlich auf ihr Volumen und die stoffliche Zusammensetzung oder aber auf prozessspezifische Größen, wie eine inhomogene Feldverteilung zurückzuführen sind.

Für die Bewertung *der Konkurrenz durch die Anlage* wurden zwei aus der Literatur bekannte Modelle von RISMAN und GRÜNEBERG zur Beschreibung der lastabhängigen Effizienz von Mikrowellenöfen in einem allgemeineren Modell, dem **Treffer-Absorptions-Modell** zusammengeführt, das die lastabhängige Effizienz auf das Zusammenspiel der Wahrscheinlichkeiten zurückführt, dass Last und Anlage von Mikrowellen getroffen werden und diese absorbieren. Während die Leistungsaufnahme der Anlage in dieser Konkurrenzsituation typischerweise absorptionslimitiert ist, ist die Leistungaufnahme der Last trefferlimitiert. Das Modell verbindet dabei die Vorteile der Modelle RISMANS und GRÜNEBERGS, indem es Anlagenverluste, Stoffabhängigkeiten und Resonanzeffekte gleichermaßen quantitativ berücksichtigt. Eine konstante Leistungsdichte ist wiederum als Gleichgewichtsbedingung implizit im Treffer-Absorptions-Modell enthalten.

Mithilfe eigener experimenteller Daten sowie anhand von Literaturdaten wurden die Zulässigkeit der Modellannahmen sowie die grundsätzliche Anwendbarkeit des Treffer-Absorptions-Modells belegt. Widersprüche zu den theoretischen Leistungsgrößen der verwendeten Mikrowellenöfen, zur Lastunabhängigkeit des anlagenspezifischen Güteparameters G und dem etablierten Q-Faktor-Konzept wurden nicht festgestellt. Das Zusammenspiel aus Treffer- und Absorptionswahrscheinlichkeiten bei Mehrfachreflexion ist offensichtlich geeignet, die ursächlichen Zusammenhänge der Effizienz von Mikrowellenprozessen unter Berücksichtigung von Größe und stofflicher Zusammensetzung der Last quantitativ zu beschreiben.

Aus der Analyse des Konkurrenzverhaltens von Last und Anlage wurden als weiterführende **Auslegungskriterien für Mikrowellenprozesse** abgeleitet: Ein Mikrowellenprozess ist genau dann effizient, wenn Anlagenverluste niedrig gehalten, die Angriffsfläche auf das Produkt maximiert und die Abmessungen des Prozessraumes hinreichend groß gewählt werden. In diesem Fall arbeiten auch Prozesse, in denen Produkte mit niedrigen dielektrischen Eigenschaften erwärmt werden sollen, in hohem Maße effizient.

Parallel und unter Nutzung der Erkenntnisse zum Konkurrenzverhalten von Last und Anlage im Mikrowellenprozess wurde ein **kontinuierlicher mikrowellenunterstützter Schachtröster** für Kakaobohnen entwickelt. Zielgrößen für die Röstung der Kakaobohnen waren Temperaturen (>120 °C) und Wassergehalte (<2 %).

Im reinen Mikrowellenbetrieb wurde ein zufriedenstellender Wirkungsgrad, von wenigstens 80 % bezogen auf die angebotene Mikrowellenleistung erreicht, der gleichzeitig dem Grenzwirkungsgrad der Mikrowelleneinkopplung entspricht.

Es wurde gezeigt, dass für die Effizienzsteigerung durch Mikrowellen im hybriden Prozess nicht der mittlere Wirkungsgrad des konvektiven Betriebes übertroffen werden muss, sondern lediglich sein Grenzwirkungsgrad. Damit wurde im hybriden Prozess die Effizienz eines vorgegebenen konventionellen Prozesses deutlich übertroffen. Als Voraussetzung für eine Effizienzsteigerung durch Mikrowellen in hybriden Prozessen wurden die folgenden beiden Kriterien identifiziert, die auch bei dem gewählten Beispielprozess zutreffen:

- Begrenzte Möglichkeiten zur Wärmerückgewinnung

- Zieltemperaturen, die nahe an den maximal zulässigen Produkttemperaturen liegen.

Experimentell wurde in der gewählten monomodalen Bauweise ein feldverursachter inhomogener Leistungseintrag über den Querschnitt des Röstschachtes beobachtet, der sich auch in der Simulation des Prozesses bestätigte. Es konnte allerdings gezeigt werden, dass der eingesetzte Heißluftstrom im hybriden Betrieb grundsätzlich dazu geeignet ist, die Temperaturdifferenz zwischen Cold Spot und Hot Spot auszugleichen. Die für eine Röstung notwendigen Temperaturen wurden so in allen Bereichen der Kakaobohnenschüttung auch im Zentrum der Bohnen erreicht. Gleichwohl ist zur Verbesserung der Gleichmäßigkeit der Erwärmung von Schüttgütern auf konstruktiver Ebene die Entwicklung eines Trommelprozesses anzustreben.

Ergänzend wurde das Konkurrenzverhalten einzelner Kakaobohnen untersucht, um abzuschätzen, inwiefern Inhomogenitäten in der Kakaobohnenschüttung zu einem inhomogenen Erwärmungsverhalten beitragen. Im Ergebnis ist die Partikelgrößenverteilung lediglich für 15 % des Unterschieds in der Leistungsaufnahme verantwortlich. Die durch die normierte volumenbezogene Leistungsaufnahme P_V/P_A theoretisch vorhergesagte geringe Größenabhängigkeit des Erwärmungsverhaltens von Kakaobohnen wurde damit experimentell bestätigt.

Der Ansatz, Lasten mit kleinen Abmessungen und niedrigen dielektrischen Eigenschaften als Schüttgut effizient in einem Mikrowellenprozess zu erwärmen, hat sich im Rahmen der Untersuchungen an Kakaobohnen bewährt. Die vorgestellten Ansätze zur quantitativen Analyse des Konkurrenzverhaltens von Lasten und Anlage in Mikrowellenprozessen, namentlich die normierten volumenbezogenen Leistungsaufnahme P_V/P_A und das Treffer-Absorptions-Modell liefern die hierzu notwendigen theoretischen Grundlagen. Hierdurch wird ein neuer Einblick in die Leistungsaufnahme von Lasten im Mikrowellenfeld gewährt, der es ermöglicht, die Prozessführung industrieller Mikrowellenprozesse erfolgreich zu optimieren.

Daneben wurden im Verlauf dieser Arbeit einige neue Forschungsansätze aufgezeigt, die nachfolgend noch einmal zusammengefasst werden sollen. Hier sind zu nennen die Bedeutung der volumenbezogenen Streueffizienz für die Gleichmäßigkeit der Mikrowellenerwärmung innerhalb eines Körpers, der experimentelle Nachweis, dass die normierte Verlustzahl die auf stofflicher Ebene entscheidende Größe für die Absorption elektromagnetischer Wellen darstellt, sowie eine Untersuchung der Antennenwirkung dielektrischer Lasten in Mikrowellenöfen.

Schließlich eröffnet sich durch die Betrachtung des Grenzwirkungsgrades konventioneller Erwärmungsprozesse ein spannendes Forschungsfeld für die Mikrowellentechnologie. Ein interessanter Ansatz wäre die Kopplung von in vielen Industriebetrieben im Überschuss anfallender Niedertemperaturwärme mit Mikrowellenenergie. Mikrowellenenergie muss in diesem Anwendungsfall nur noch den Temperatursprung zur Verfügung stellen, der den Prozess auf das notwendige Energieniveau hebt. Gegenüber reinen Mikrowellenprozessen sind solche Prozesse nicht nur deutlich effizienter, sondern lassen sich auch deutlich kompakter mit überschaubaren installierten Leistungen realisieren.

8 Literatur

Afoakwa, E. O., Paterson, A., Fowler, M., Ryan, A.: *Flavor formation and character in cocoa and chocolate: A critical review.* Critical Reviews in Food Science and Nutrition 2008; 48(9): 840-857.

Ayappa, K. G.: *Microwave heating: an evaluation of power formulations.* Chemical Engineering Science 1991; 46(4): 1005-1016.

Barringer, S. A.: *Effect of sample size on the microwave heating rate: oil vs. water.* AIChE Journal 1994; 40(9): 1433-1439.

Bart-Plange, A., Baryeh, E. A.: *The physical properties of Category B cocoa beans.* Journal Of Food Engineering 2003; 60(3): 219-227.

Beckett, S. T.: *Industrial Chocolate Manufacture and Use.* 3 Aufl., Oxford: Blackwell, 1999.

Behera, S., Nagarajan, S., Rao, L. J. M.: *Microwave heating and conventional roasting of cumin seeds (Cuminum eyminum L.) and effect on chemical composition of volatiles.* Food Chemistry 2004; 87(1): 25-29.

Behrends, S., Kott, K.: *Zuhause in Deutschland.* Wiesbaden: Statistisches Bundesamt, 2009.

Bhattacharya, M., Basak, T.: *A novel closed-form analysis on asymptotes and resonances of microwave power.* Chemical Engineering Science 2006a; 61(19): 6273-6301.

Bhattacharya, M., Basak, T.: *On the analysis of microwave power and heating characteristics for food processing: Asymptotes and resonances.* Food Research International 2006b; 39(10): 1046-1057.

Böhler, G.: *Trends bei Röstprozessen.* Lebensmittelindustrie 2000; (11/12): 6-7.

Bohren, C. F.; Hufmann, D. R.: *Absorption and scattering of light by small particles.* New York: J. Wiley & Sons, 1983.

Buffler, C.: *An analysis of power data for the establishment of a microwave oven standard.* Microwave World 1990; 11(3): 10-15.

Costa, L. C., Correia, A., Viegas, A., Sousa, J., Henry, F.: *Dielectric characterisation of plastics for microwave oven applications.* Cross-Disciplinary Applied Research in Materials Science and Technology 2005; 480: 161-164.

Cremer, M. L.: *Food Quality and Energy Use - Microwave Vs Convection Ovens.* Ohio Report on Research and Development 1983; 68(2): 21-23.

Debye, P.: *Polare Molekeln.* Leipzig: Hirzel, 1929.

Decareau, R. V.: *Microwaves in food processing.* Food Technology in Australia 1984; 36(2): 81-86.

Detlefsen, J., Siart, U.: *Grundlagen der Hochfrequenztechnik.* 2., erw. Aufl., München: Oldenbourg, 2006.

Engelder, D. S., Buffler, C. R.: *Measuring dielectric properties of food products at microwave frequencies.* Microwave World 1991; 12(2): 6-15.

Erle, U.: *Untersuchungen zum Mikrowellen-Vakuumtrocknung von Lebensmitteln.* Dissertation, Universität Karlsruhe (TH), 2000a.

Erle, U., Regier, M., Persch, C., Schubert, H.: *Dielectric Properties of Emulsions and Suspensions: Mixture Equations and Measurement Comparisons.* Journal of Microwave Power and Electromagnetic Energy 2000b; 35(3): 185-190.

Faillon, G., Couasnard, C., Maloney, E. D.: *New uses of microwave power in the food industry.* Journal of Microwave Power 1977; 12(1): 79-86.

Faillon, G., Couasnard, C., Maloney, E. D.: *New uses of microwave power.* Food Engineering International 1978; 3(1): 46-48.

Fessas, D., Signorelli, M., Schiraldi, A.: *Polymorphous transitions in cocoa butter - A quantitative DSC study.* Journal of Thermal Analysis and Calorimetry 2005; 82(3): 691-702.

Fliflet, A. W., Bruce, R. W., Kinkead, A. K., Fischer, R. P., Lewis, D., Rayne, R., Bender, B., Kurihara, L. K., Chow, G. M., Schoen, P. E.: *Application of microwave heating to ceramic processing: Design and initial operation of a 2.45-GHz single-mode furnace.* Ieee Transactions on Plasma Science 1996; 24(3): 1041-1049.

Frauendorfer, F., Schieberle, P.: *Changes in Key Aroma Compounds of Criollo Cocoa Beans During Roasting.* Journal of Agricultural and Food Chemistry 2008; 56(21): 10244-10251.

Giese, J.: *Advances in microwave food processing.* Food Technology 1992; 46(9): 118-123.

Gondár, J.: *Dielektrisches Rösten von Kakao- und Kaffeebohnen.* Fette Seifen Anstrichmittel 1964; 65(12): 1032-1040.

Grehn, J.: *Metzler Physik.* 2 Aufl., Hannover: Schroedel, 1997.

Grüneberg, M.: *Untersuchungen und Modellbildung zur Mikrowellenerwärmung von Lebensmitteln im Mikrowellenherd.* Dissertation, Universität Karlsruhe (TH), 1994.

Grüneberg, M., Schuchmann, H., Schubert, H.: *Mikrowellenerwärmung von Speisefetten und -ölen.* ZFL 1992; 43(1/2): 1-5.

GVC: *VDI Wärmeatlas.* 10. Aufl., Heidelberg: Springer-Verlag, 2006.

Hasted, J. B.: *Aqueous Dielectrics.* London: Chapman and Hall, 1973.

Heaviside, O.: *On electromagnetic waves, especially in relation to the vorticity if the impressed forces and the forced vibrations of electromagnetic systems.* The London and Edinburgh Philosophical Magazine and Journal of Science 1888; 25(2): 130-156.

Hertz, H.: *Ueber die Ausbreitungsgeschwindigkeit der electrodynamischen Wirkungen.* Annalen der Physik 1888a; 270(7): 551-569.

Hertz, H.: *Ueber Inductionserscheinungen hervorgerufen durch die electrischen Vorgänge in Isolatoren.* Annalen der Physik 1888b; 270(6): 273-285.

Hertz, H.: *Ueber die Grundgleichungen der Electrodynamik für ruhende Körper.* Annalen der Physik 1890; 276(8): 577-624.

Himberg, M.: *Inbetriebnahme eines mikrowellenunterstützten Lebensmittelrösters.* Diplomarbeit, Universität Karlsruhe (TH), 2008.

Holm, C. S., Aston, J. W., Douglas, K.: *The Effects of the Organic-Acids in Cocoa on the Flavor of Chocolate.* Journal of the Science of Food and Agriculture 1993; 61(1): 65-71.

Jackson, H. W., Barmatz, M.: *Microwave-Absorption by A Lossy Dielectric Sphere in A Rectangular Cavity.* Journal of Applied Physics 1991; 70(10): 5193-5204.

Jackson, J. D.: *Klassische Elektrodynamik.* 4 Aufl., Berlin u.a.: de Gruyter, 2006.

Jinap, S., Dimick, P. S.: *Effect of Roasting on Acidic Characteristics of Cocoa Beans.* Journal of the Science of Food and Agriculture 1991; 54(2): 317-321.

Kark, K. W.: *Antennen und Strahlungsfelder : Elektromagnetische Wellen auf Leitungen, im Freiraum und ihre Abstrahlung.* 1. Aufl., Wiesbaden: Vieweg, 2004.

Kim, S., Lee, E., Yoon, S.: *Changes in Physicochemical Components of Cocoa Mass during Microwave Roasting.* Korean Journal of Food Science and Technology 2000; 32(3): 634-639.

Knoerzer, K.: *Simulation von Mikrowellenprozessen und Validierung mittels bildgebender magnetischer Resonanz.* Dissertation, Universität Karlsruhe (TH), 2006.

Knutson, K. M., Marth, E. H., Wagner, M. K.: *Microwave Heating of Food.* Lebensmittel -Wissenschaft und -Technologie 1987; 20: 101-110.

Kriegsmann, G. A.: *Thermal Runaway in Microwave Heated Ceramics - A One-Dimensional Model.* Journal of Applied Physics 1992; 71(4): 1960-1966.

Ku, H. S., Siores, E., Taube, A., Ball, J.: *Productivity improvement through the use of industrial microwave technologies.* computers & industrial engineering 2002; 42: 281-290.

Kümmel, W.: *Technische Strömungsmechanik.* 3. Aufl., Wiesbaden: Teubner, 2007.

Lichtenecker, K., Rother, K.: *Die Herleitung des logarithmischen Mischungsgesetzes aus allgemeinen Prinzipien der stationären Strömung.* Physikalische Zeitschrift 1931; 32: 255-260.

Lopez-Berenguer, C., Carvajal, M., Moreno, D. A., Garcia-Viguera, C.: *Effects of microwave cooking conditions on bioactive compounds present in broccoli inflorescences.* Journal of Agricultural and Food Chemistry 2007; 55(24): 10001-10007.

Markowicz, K.: *Mie Scattering für Matlab nach Bohren and Huffman 1983.* http://atol.ucsd.edu/scatlib/codes2/bhmie-matlab.zip, Stand: 11.11.2005.

Maxwell, J. C.: *On physical lines of force - Part III - The Theory of meolecular vortices applied to statical electricity.* The London and Edinburgh Philosophical Magazine and Journal of Science 1862; 23: 12-24.

Maxwell, J. C.: *A Dynamical Theory of the Electromagnetic Field.* Philosophical Transactions of the Royal Society of London 1865; 155: 459-512.

Meda, V., Orsat, V., Raghavan, V.: *Microwave heating and the dielectric properties of food.* In: Schubert, H., Regier, M. (Hrsg.): The microwave processing of foods. Cambridge: Woodhead, 2005.

Megahed, M. G.: *Microwave roasting of peanuts: Effects on oil characteristics and composition.* Nahrung-Food 2001; 45(4): 255-257.

Meinke, H. H.: *Taschenbuch der Hochfrequenztechnik : Grundlagen, Komponenten, Systeme.* 5. Aufl., Berlin: Springer, 1992.

Melia, T. P., Tyson, A.: *Thermodynamics of Addition Polymerisation .2. Heat Capacity Entropy and Enthalpy of Isotatic Poly (4-Methyl-1-Pentene).* Makromolekulare Chemie 1967; 109(NOV): 87-95.

Meredith, R.: *Engineers' handbook of industrial microwave heating.* London: Institution of Electrical Engineers, 1998.

Metaxas, A. C., Meredith R.J.: *Industrial Microwave Heating.* London: Peter Peregrinus, 1983.

Mie, G.: *Beiträge zur Optik trüber Medien, speziell kolloidaler Metallösungen.* Annalen der Physik 1908; 25(4): 377-445.

Mishchenko, M. I., Travis, D. T., Lacis, A. A.: *Scattering, Absorption and Emission of Light by Small Particles.* Cambridge: Cambridge University Press, 2002.

Mohr, W., Röhrlem, M., Severin, T.: *Über die Bildung des Kakaoaromas aus seinen Vorstufen.* Fette Seifen Anstrichmittel 1971; 8: 515-521.

Mudgett, R. E.: *Microwave food processing.* Food Technology 1989; 117-126.

Nebesny, E., Budryn, G.: *Evaluation of sensory attributes of coffee brews from robusta coffee roasted under different conditions.* European Food Research and Technology 2006; 224(2): 159-165.

Nelson, S. O.: *Permittivity and density relationships for granular and powdered materials.* Ieee Antennas and Propagation Society Symposium, Vols 1-4 2004, Digest 2004; 229-232.

Ohlsson, T.: *Einige Grundzusammenhänge für die Mikrowellenanwendung bei Lebensmitteln.* Ernährungs-Umschau 1983; 30(6): 180-185.

Ohlsson, T., Risman, P. O.: *Temperature Distribution of Microwave-Heating - Spheres and Cylinders.* Journal of Microwave Power and Electromagnetic Energy 1978; 13(4): 303-309.

Ohlsson, T.: *Minimal processing of foods with thermal methods.* In: Ohlsson, Thomas, Bengtsson, Nils (Hrsg.): Minimal Processing technologies in the food industry. 1. Aufl., Cambridge: Woodhead Publishing, 2002.

Persch, C.: *Messung von Dielektrizitätskonstanten im Bereich von 0.2 bis 6 GHz und deren Bedeutung für die Mikrowellenerwärmung von Lebensmitteln.* Dissertation, Universität Karlsruhe (TH), 1997.

Peyre, F., Datta, A., Seyler, C.: *Influence of the dielectric property on microwave oven heating patterns: Application to food materials.* Journal of Microwave Power and Electromagnetic Energy 1997; 32(1): 3-15.

Poynting, J. H.: *On the transfer of energy in the electromagnetic field.* Philosophical Transactions of the Royal Society of London 1884; 175: 343-361.

Rayleigh, J. W.: *On the incidence of aerial and electric waves upon small obstacles in the form of ellipsoids or elliptic cylinders, and on the passage of electric waves through a circular aperture in a conducting screen.* Philosophical Magazine 1897; 44: 28-52.

Rayleigh, J. W.: *On the transmission of light through an atmosphere containing small particles in suspension, and on the origin of the blue of the sky.* Philosophical Magazine 1899; 47: 375-384.

Regier, M.: *Über dielektrische Magnetresonanz-Methoden zur Charakterisierung disperser Systeme.* Dissertation, Universität Karlsruhe (TH), 2003.

Regier, M., Rother, M., Schuchmann, H. P.: *Alternative heating technologies.* In: Ortega-Rivas, E. (Hrsg.): Processing Effects on Safety and Quality of Foods. Boca Raton: CRC, 2009.

Regulierungsbehörde für Telekommunikation und Post: *Vfg. 76/2003: Allgemeinzuteilung von Frequenzen in den Frequenzteilbereichen gemäß Frequenzbereichszuweisungsplanverordnung (FreqBZPV), Teil B: Nutzungsbestimmungen (NB) D138 und D150 für die Nutzung durch die Allgemeinheit für ISM-Anwendungen.* Amtsblatt RegTP 2003; (25): 1366-1367.

Reuter, H.: *Das dielektrische Erwärmen Grundlagen - Anwendungen in der Milchverarbeitung.* Deutsche Molkerei-Zeitung 1979; 49: 1722-1730.

Reuter, H.: *Das dielektrische Erwärmen von Lebensmitteln Teil 2. Neuere Anwendungen in der industriellen Verarbeitung.* ZFL 1980; 31(1): 7-12.

Ringle, E. C., Donaldson David, B.: *Measuring Electric Field Distribution in a Microwave Oven.* Food Technology 1975; 29(9): 46-54.

Risman, P. O., Ohlsson, T.: *Metal in the microwave oven.* Microwave World 1992; 13(1): 28-33.

Rosén, C.: *Effects of Microwaves on Food and Related Materials.* Food Technology 1972; 26(7): 36-40, 55.

Roussy, G., Pearce, J. A.: *Foundations and Industrial Applications of Microwaves and Radio Frequency Fields.* Chichester: J. Wiley, 1995.

Ryynanen, S., Risman, P. O., Ohlsson, T.: *Hamburger composition and microwave heating uniformity.* Journal of Food Science 2004; 69(7): M187-M196.

Scheffler, J.: *Untersuchungen zum Erwärmungsverhalten von Kakaobohnen.* Diplomarbeit, Universität Karlsruhe (TH), 2009.

Schubert, H., Grüneberg, M., Walz, E.: *Erwärmung von Lebensmitteln durch Mikrowellen: Grundlagen, Messtechnik, Besonderheiten.* ZFL 1991; 42(4): 14-21.

Sinell, H. J.: *Der Einfluß der Mikrowellenbehandlung auf Mikroorganismen im Vergleich zur konventionellen Hitzebehandlung.* DFG-Abschlußbericht Si/55 24-1. Berlin:1986.

Smith, B. L.: *The microwave engineering handbook.* London [u.a.]: Chapman & Hall, 1992.

Spencer, P. L.: *Method of Treating Foodstuffs.* Patentnr.: 2595429, 1950.

Spotz, M. S., Skamser, D. J., Johnson, D. L.: *Thermal-Stability of Ceramic Materials in Microwave-Heating.* Journal of the American Ceramic Society 1995; 78(4): 1041-1048.

Stanford, M.: *Microwave oven characterization and implications for food safety in product development.* Microwave World 1990; 11(3): 7-9.

Tang, J.: *Dielectric properties of foods.* In: Schubert, H., Regier, M. (Hrsg.): The microwave processing of foods. Cambridge: Woodhead, 2005.

Tinga, W. R., Nelson, S. O.: *Dielectric Properties of Materials for Microwave Processing - Tabulated.* Journal of Microwave Power 1973; 8(1): 23-65.

U.S.Food and Drug Administration: *Kinetics of Microbial Inactivation for Alternative Food Processing Technologies: Microwave and Radio Frequency Processing.* 2000.

Uysal, N., Sumnu, G., Sahin, S.: *Optimization of microwave- infrared roasting of hazelnut.* Journal Of Food Engineering 2009; 90(2): 255-261.

Vadivambal, R., Jayas, D. S.: *Non-uniform Temperature Distribution During Microwave Heating of Food Materials—A Review.* Food and Bioprocess Technology 2008.

van der Veen, M. E., van der Goot, A. J., Vriezinga, C. A., De Meester, J. W. G., Boom, R. M.: *On the potential of uneven heating in heterogeneous food media with dielectric heating.* Journal Of Food Engineering 2004; 63(4): 403-412.

VanRemmen, H. H. J., Ponne, C. T., Nijhuis, H. H., Bartels, P. V., Kerkhof, P. J. A. M.: *Microwave heating distributions in slabs, spheres and cylinders with relation to food processing.* Journal of Food Science 1996; 61(6): 1105-1114.

Venkatesh, M. S., Raghavan, G. S. V.: *An overview of microwave processing and dielectric properties of agri-food materials.* Biosystems Engineering 2004; 88(1): 1-18.

Vollmer, M.: *Physics of the microwave oven.* Physics Education 2004; 39(1): 74-81.

Wang, Y., Wig, T., Tang, J., Hallberg, L.: *Dielectric properties of foods relevant to RF and microwave pasteurization and sterilization.* Journal Of Food Engineering 2003; 57: 257-268.

Weil, C. M.: *Absorption Characteristics of Multilayered Sphere Models Exposed to Uhf-Microwave Radiation.* Ieee Transactions on Biomedical Engineering 1975; 22(6): 468-476.

Yoshida, H., Hirakawa, Y., Abe, S.: *Influence of microwave roasting on positional distribution of fatty acids of triacylglycerols and phospholipids in sunflower seeds (Helianthus annuus L.).* European Journal of Lipid Science and Technology 2001; 103(4): 201-207.

Yoshida, H., Takagi, S., Kajimoto, G., Yamaguchi, M.: *Microwave roasting and phospholipids in soybeans (Glycine max L) at different moisture contents.* Journal of the American Oil Chemists Society 1997; 74(2): 117-124.

Zhang, H., Datta, A. K.: *Microwave power absorption in single- and multiple-item foods.* Food and Bioproducts Processing 2003; 81(C3): 257-265.

Zhang, H., Datta, A. K.: *Heating concentrations of microwaves in spherical and cylindrical foods part one: in planes waves.* Food and Bioproducts Processing 2005; 83(C1): 6-13.

Zhang, M., Tang, J., Mujumdar, A. S., Wang, S.: *Trends in microwave-related drying of fruits and vegetables.* Trends in Food Science & Technology 2006; 17(10): 524-534.

9 Abkürzungs- und Symbolverzeichnis

Lateinische Buchstaben

a_o	Koeffizient einer geometrischen Reihe	-
A	Fläche	m^2
A_{Mie}	s. Q_{abs}	-
a_n	Miekoeffizient	-
b_n	Miekoeffizient	-
B	magnetische Flussdichte	$T, V \cdot s \cdot m^{-2}$
c	Lichtgeschwindigkeit	$m \cdot s^{-1}$
c_p	Wärmekapazität	$J \cdot g^{-1} \cdot K^{-1}$
c_V	Konzentration (Volumenanteil)	Vol.%
C	Güte des Mikrowellenofens im Grünebergmodell	-
C_{abs}	(Absorptions-)Wirkungsquerschnitt	m^2
C_{sca}	(Streu-)Wirkungsquerschnitt	m^2
d	Durchmesser	m
D	elektrische Flussdichte	$A \cdot s \cdot m^{-2}$
E	elektrische Feldstärke	$V \cdot m^{-1}$
E	Energie	J
E_m	spezifische Energie	$J \cdot g^{-1}$
f	Frequenz	s^{-1}
F	Kraft	N
G	Güte des Mikrowellenofens im Treffer-Absorptions-Modell	-
h	spezifische Enthalpie	$J \cdot g^{-1}$
h_V	Verdampfungsenthalpie	$J \cdot g^{-1}$
H	magnetische Feldstärke	$A \cdot m^{-1}$
J	Stromdichte	$A \cdot m^{-2}$
k	Koeffizient einer geometrischen Reihe	-
m	Masse	kg
n	Brechungsindex	-

p	Wahrscheinlichkeit	-
P	Polarisation	$A{\cdot}s{\cdot}m^{-2}$
P	Leistung	W
P_A	Flächenleistungsdichte	$W{\cdot}m^{-2}$
P_m	massebezogener Leistungseintrag	$W{\cdot}kg^{-1}$
P_V	Verlustleistungsdichte	$W{\cdot}m^{-3}$
P_V/P_A	normierter volumenbezogener Leistungseintrag	m^{-1}
P_{MW}	angebotene Leistung (Nettoleistung des Magnetrons)	W
$P_{MW,brutto}$	Bruttoleistung des Magnetrons	W
P_{netz}	Netzleistungsaufnahme (Bruttoleistung der Anlage)	W
q	Ladung	$C, A{\cdot}s$
Q	Gütefaktor (Q-Faktor)	-
$\dot{Q}$	Wärmestrom	$J{\cdot}s^{-1}$
Q_{abs}	Absorptionseffizienz	-
Q_{ext}	Extinktionseffizienz	-
Q_{sca}	Streueffizienz	-
r	Radius	m
R	Reflexionsgrad	-
$\bar{s}$	mittlere Weglänge	m
s_{theo}	Theoretische Eindringtiefe	m
t	Zeit	s
T	Temperatur	K
v	Geschwindigkeit	$m{\cdot}s^{-1}$
V	Volumen	m^3
WG	Wassergehalt	$g_{H2O}{\cdot}g_{FM}^{-1}$
x	Länge, Breite	m
X	Gesamtwahrscheinlichkeit	-
y	Länge, Tiefe	m
z	Länge, Höhe	m

Griechische Buchstaben

α	Mie Faktor	-
α_{theo}	theoretischer Absorptionsgrad	-
β	theoretische Dämpfung	-
χ_{el}	elektrische Suzeptibilität	-
δ	Verlustwinkel	Rad
ε	Porosität	-
ε	(relative) Permittivität (diel. Eigenschaften)	(-), $A \cdot s \cdot V^{-1} \cdot m^{-1}$
ε'	(relative) Dielektrizitätskonstante	(-), $A \cdot s \cdot V^{-1} \cdot m^{-1}$
ε''	(relative) Verlustzahl	(-), $A \cdot s \cdot V^{-1} \cdot m^{-1}$
γ_b	Brechungswinkel	Rad
γ_e	Einfallswinkel	Rad
γ_r	Ausfallswinkel	Rad
η	dynamische Viskosität	$kg \cdot m^{-1} \cdot s^{-1}$
λ	Wellenlänge	m
λ	Wärmeleitfähigkeit	$W \cdot m^{-1} \cdot K^{-1}$
μ	(relative) komplexe Permeabilität	(-), $V \cdot s \cdot A^{-1} \cdot m^{-1}$
ϑ	Temperatur	°C
ρ	Raumladungsdichte	$A \cdot s \cdot m^{-3}$
ρ	Dichte	$kg \cdot m^{-3}$
ρ	spezifischer Widerstand	$\Omega \cdot m$
σ	Leitfähigkeit	$S \cdot m^{-1}$
τ	Relaxationszeit	s

Indizes

0	im Vakuum; Anfangszustand, Leerzustand
a	außen, des äußeren Mediums
abs	Absorption, Absorptionswahrscheinlichkeit

ap	Atompolarisation
aus	beim Austritt
A	flächenbezogen
anl	Anlage
b	bulk, der Schüttung
becher	Becher
Bohne	im Bohnenkern
c	charakteristisch
C	Ofen C
D	Ofen D
diel	dielektrisch
DIN	nach Din-Norm
diss	dissipiert
dp	Dipolpolarisation
dreh	Drehteller
e	Einfallswinkel
eff	effektiv
ein	beim Eintritt
ep	Elektronenpolarisation
E	Ende
f	Feststoff
feld	im Feld gespeichert
ges	gesamt
geb	Gebrauch
H2O	Wasser
HS	nach Herstellerangaben
i	innen, des inneren Mediums
j	Zählvariable Volumen
k	Zählvariable Materialien
kakao	Kakao

korr	korrigiert
l	Zählvariable Öfen
L	Last
leck	Leckage
Luft	Luft
m	massebezogen
mat	im Material
max	im Maximum
met	Metall
misch	Mischung
MW	Mikrowelle
mwp	Maxwell-Wagner-Polarisation
n	Endglied
nenn	Nenn-
o	oben
p	Projektionsfläche
par	Partikel
pho	Photon
pla	Plasma
PMP	Polymethylpenten
pp	parallel polarisierte Strahlung
PP	Polypropylen
r	relativ
ref	Referenz
refl	Reflexion
rest	Rest, Restwahrscheinlichkeit
roh	in rohem Zustand
Rohr	Ansaugrohr
RT	Raumtemperatur
sand	Sand

sp	senkrecht polarisierte Strahlung
t	Treffer, Trefferwahrscheinlichkeit
theo	theoretisch
u	unten
V	volumenbezogen
vwz	Verweilzeit
wand	Wand
x	in x-Richtung, längs
y	in y-Richtung, quer
zu	Zuluft
zyl	Zylinder

Abkürzungen

AL	Albanien
BG	Bulgarien
DSC	Differencial Scanning Calorimetry
FDA	Food and Drug Administration (US-Regierungsbehörde)
FDTD	Finite Difference Time Domain
FM	Feuchtmasse
FreqBZPV	Frequenzbereichszuweisungsplanverordnung
FU	Einstellung Frequenzumrichter
GB	Großbritannien
GF	Grenzfläche
H	Ungarn
ISM	Industrial, Scientific, Medical
KB	Kennbuchstabe
konv.	Konvektiv
MW	Mikrowelle
NMR	Nuclear Magnetic Resonance
PC	Polycarbonat,

PE	Polyethylen,
PEEK	Polyetheretherketon
PFA	Perfluoralkoxylalkan
PMP	Polymethypenten
PP	Polypropylen
PPS GV40	Polyphenylensulfid 40 % glasfaserverstärkt
PTFE	Polytetrafluorethylen
QS	Quadratsumme
RACS	Relative Absorption Cross Section
Re	Realteil
RFID	Radio Frequency IDentification
RO	Rumänien
RT	Raumtemperatur ($\approx$20 °C)
VDI	Verband Deutscher Ingenieure
WLAN	Wireless Local Area Network

Konstanten

c_0	Lichtgeschwindigkeit des Vakuums	$2{,}998{\cdot}10^{8}$ m·s^{-1}
h	Plancksches Wirkungsquantum	$6{,}626{\cdot}10^{-34}$ J·s
k	Boltzmann-Konstante	$1{,}381{\cdot}10^{-23}$ J·K^{-1}
ε_0	Dielektrizitätskonst.des Vakuums	$8{,}854{\cdot}10^{-12}$ A·s·V^{-1}·m^{-1}
μ_0	Permeabilität des Vakuums	$4\pi{\cdot}10^{-7}$ V·s·A^{-1}·m^{-1}

10 Abbildungs- und Tabellenverzeichnis

<u>Abbildungen:</u>

Tabellen:

Anhang A Charakterisierung der eingesetzten Materialien

A 1 Messmethoden zur Bestimmung von Stoffdaten

In diesem Anhang wird die für die Charakterisierung der in dieser Arbeit verwendeten Stoffe notwendige Messtechnik dargestellt.

A 1.1 Dielektrische Eigenschaften

A 1.1.1 Allgemeines

Für die Messung der dielektrischen Eigenschaften standen im Rahmen dieser Arbeit zwei Messsysteme zu Verfügung, ein Tastkopfsystem und ein Resonatormesssystem. Als Signalquelle und -empfänger diente bei beiden Methoden ein Netzwerkanalysator (Hewlett-Packard HP 8753 D) mit einem Frequenzbereich von 300 kHz - 6 GHz. Alle durchgeführten Messungen hatten die Bestimmung der dielektrischen Eigenschaften bei der für die Mikrowellenerwärmung typischerweise verwendeten ISM Frequenz von 2,45 GHz zum Ziel. Standardabweichungen in den Ergebnissen beziehen sich grundsätzlich auf mindestens drei unabhängige Messungen mit voneinander unabhängigen Kalibrierungen.

A 1.1.2 Tastkopfmethode

Bei der Tastkopfmethode handelt es sich um ein Leitungsmessverfahren, bei dem die Probe Teil einer Hochfrequenzleitung ist. Hierzu wird der Messkopf, eine offene Koaxialleitung, an einem Ende auf die Probe aufgesetzt und am anderen Ende an einen Netzwerkanalysator angeschlossen. Dieser erzeugt die Messfrequenz und detektiert die Systemantwort der Hochfrequenzleitung. Über eine Kalibrierung auf der Basis bekannter Substanzen kann aus der Systemantwort auf die dielektrischen Eigenschaften der Probe geschlossen werden.

Für diese Arbeit stand ein kommerzielles Tastkopfsystem der Firma Hewlett Packard (HP 85070B) zur Verfügung, das auch in anderen Arbeiten des Instituts bereits erfolgreich eingesetzt wurde [GRÜNEBERG, 1994; PERSCH, 1997; ERLE, 2000a; REGIER, 2003]. Es erlaubt die

Bestimmung der dielektrischen Eigenschaften in einem Frequenzbereich von 200 MHz bis 6 GHz und bei entsprechender Temperierung einem Temperaturbereich von -40 °C bis +200 °C. Eine Kalibrierung wird softwaregesteuert anhand von drei Kalibrierungsmessungen durchgeführt. Zunächst wird die Systemantwort der offenen Koaxialleitung an Luft gemessen. In einem zweiten Schritt wird die Koaxialleitung während der Messung kurzgeschlossen, um eine vollständige Reflexion des Messsignals zu erreichen. Schließlich folgt eine Messung des Signals von destilliertem Wasser bei 25 °C. Die Aufzeichnung des Messsignals und die Berechnung der dielektrischen Eigenschaften werden von einer Software übernommen.

Für eine zuverlässige Messung ist es notwendig, dass ebener Kontakt zwischen Probenkopf und Probe hergestellt ist. Bereits kleine Luftblasen zwischen Messkopf und Probe können das Ergebnis verfälschen, weshalb die Messung der dielektrischen Eigenschaften von Schüttungen und Pulvern problematisch ist. Außerdem darf der Tastkopf nach durchgeführter Kalibrierung nicht mehr bewegt werden, da dies die Antwort der gesamten Leitung verändert und damit das Messergebnis unbrauchbar macht. Dies ist auch der Hauptgrund, weshalb eine statistische Absicherung nur auf der Basis unabhängiger Kalibrierungen durchgeführt werden kann, ein systematischer Fehler kann sonst übersehen werden.

Ein Vorteil der Tastkopfmethode besteht darin, dass mit einer einzelnen Messung die dielektrischen Eigenschaften eines ganzen Frequenzbands bestimmt werden können. Problematisch ist allerdings die Messung kleiner Verlustfaktoren. Der Hersteller gibt als Grenze einen Wert von $tan\ \delta = 0,05$ an. PERSCH gibt in ihrer Arbeit allerdings bereits ab $tan\ \delta = 0,35$ einem Resonatormessverfahren den Vorzug [PERSCH, 1997].

A 1.1.3   Resonatormessmethode

Werden elektromagnetische Wellen über ein Koaxialkabel in einen Hohlraumresonator eingekoppelt, so zeigt sich im reflektierten Signal, das über einen Netzwerkanalysator ausgewertet wird, an der Lage der Resonanzfrequenz des Hohlraumresonators ein Resonanzpeak. Um nun dielektrische Eigenschaften zu messen, macht man es sich zu Nutze, dass sich Lage und Breite des Resonanzpeaks ändern, wenn ein Dielektrikum in den Hohlraum eingeführt wird. Die Resonanzfrequenz verschiebt sich in diesem Fall systematisch in Abhängigkeit der dielektrischen Eigenschaften des Dielektrikums hin zu größeren Wellenlängen (und damit kleineren Frequenzen). Der Resonanzpeak wird insgesamt breiter [REGIER, 2003; JACKSON, 2006]. Die dielektrischen Eigenschaften können dann auf der Basis dieser Veränderung des Resonanzpeaks entweder über Kalibriersubstanzen [PERSCH, 1997] oder auf analytischem Wege [REGIER, 2003] ermittelt werden.

Für diese Arbeit wurde das System von REGIER mit einem teilgefüllten 2,45 GHz TE_{011}-Resonator eingesetzt, dass aufgrund der analytischen Natur der Lösung, die im Detail der Arbeit REGIERS entnommen werden kann, besonders exakte Messungen zulässt. Für eine Messung wird zunächst das Signal des leeren Resonators gemessen. Anschließend wird die zu vermessende Probe in den Resonator eingeführt, um die Verschiebung des Resonanzpeaks zu bestimmen. Die analytische Berechnung der dielektrischen Eigenschaften übernimmt dann ein Labview Programm. Diesem muss lediglich der Durchmesser der Probe bekannt sein.

Feste Proben werden als zylindrischer Stab mit einem Durchmesser von bis zu 2 cm direkt in den Resonator eingeführt, flüssige Proben oder Schüttgüter können in einem Probenröhrchen vermessen werden. In diesem Fall muss die Referenzmessung mit einem leeren Probenröhrchen durchgeführt werden.

REGIER weist darauf hin, dass sich durch die Probe die Resonanzfrequenz des Hohlraumresonators verschiebt und streng genommen die dielektrischen Eigenschaften bei dieser Resonanzfrequenz bestimmt werden. Ist diese Verschiebung nicht mehr hinnehmbar, so sollte der Probendurchmesser reduziert werden. Bei geeignetem Probendurchmesser beobachtete REGIER selbst bei hohen Dielektrizitätskonstanten (Wasser) eine Verschiebung der Resonanzfrequenz von lediglich 12 MHz (0,5 %) [REGIER, 2003].

Der Vorteil von Resonatormessverfahren liegt darin, dass hiermit auch sehr kleine Verlustzahlen bestimmt werden können [PERSCH, 1997]. Mit

Ausnahme von Wasser wurden alle in dieser Arbeit eingesetzten Stoffe mit der Resonatormethode vermessen.

A 1.2 Enthalpie und Wärmekapazität

Wärmekapazität und Enthalpiegrößen wurden mittels Differential Scanning Calorimetry (DSC) bestimmt (TA Instruments, 2920 CE). Hierbei wird einem leeren und einem gefüllten Probentiegel gleichzeitig derselbe Temperaturverlauf aufgezwungen und die hierfür notwendigen Wärmeströme aufgezeichnet. Aus der Differenz der beiden Wärmeströme kann dann auf die Energie geschlossen werden, die notwendig ist, um die Probe definiert zu erwärmen.

Für die Messung der Wärmekapazität von Ölen wurden m = 15-20 mg Probe in einen offenen Alutiegel eingewogen, die Probe auf 15 °C in der Messkammer temperiert und mit einer Aufheizrate von $\dot{T}$ = 5 K/min in 6 min auf 45 °C erhitzt. Da der spezifische Differenzwärmestrom $\dot{Q}$ und damit die spezifische Wärmekapazität in dem untersuchten Bereich annähernd konstant waren und kein Einfluss latenter Wärme beobachtet wurde, wurden die gemessenen Werte über den gesamten untersuchten Temperaturbereich gemittelt. Die Wärmekapazität c_p berrechnet sich dann nach Gleichung (A.1) zu:

$$c_p = \frac{\overline{\dot{Q}}}{m \cdot \dot{T}} \qquad\qquad (A.1)$$

<u>Versuchsroutine Enthalpie</u>

Beim Rösten von Kakao haben latente Wärmeanteile und Reaktionsenthalpien einen entscheidenden Einfluss auf die für die zur Erwärmung notwendige Energie, weshalb es unzureichend ist, eine energetische Betrachtung ausschließlich auf Basis der spezifischen Wärmekapazität durchzuführen. Es bietet sich vielmehr an, die Enthalpiezunahme des Kakaos im Verlauf des Röstprozesses zu betrachten. Diese lässt sich mittels DSC folgendermaßen bestimmen:

Das Gerät protokolliert zu diskreten Zeitpunkten t_n die aktuelle Temperatur ϑ_n und den aktuellen (Differenz-)Wärmestrom $\dot{Q}$ in die Probe der

Masse *m*. Die spezifische Energieaufnahme in einem diskreten Zeitschritt $t_{(n-1)} \rightarrow t_n$ lässt sich berechnen durch:

$$h\left(t_n\right) - h\left(t_{n-1}\right) = \frac{\left(\dot{Q}_n + \dot{Q}_{n-1}\right) \cdot \left(t_n - t_{n-1}\right)}{2 \cdot m} \tag{A.2}$$

Die Enthalpieänderung in Bezug auf den Ausgangszustand der Probe ergibt sich dann als Summe aller Glieder zu:

$$h\left(\vartheta_n\right) - h\left(\vartheta_0\right) = h\left(t_n\right) - h\left(t_0\right) = \sum_{i=1}^{n} \frac{\left(\dot{Q}_i + \dot{Q}_{i-1}\right) \cdot \left(t_i - t_{i-1}\right)}{2 \cdot m} \tag{A.3}$$

Voraussetzung für die Zulässigkeit dieses Vorgehens ist, dass die Temperatur linear mit der Zeit steigt und die Zeitdiskretisierung hinreichend klein gewählt ist, um Maxima und Minima richtig zu erfassen.

Ein besonderes Problem für die Vergleichbarkeit von Mehrfachmessungen ergibt sich bei der Erwärmung von Kakao durch die Kristallstruktur der Kakaobutter. Diese wird beeinflusst durch die Abkühlrate nach einer Erwärmung und die Lagerungsbedingungen des Kakaos. Dies führt dazu, dass die ursprüngliche Kristallstruktur des Kakaos, die auch für die Schmelzenthalpie in einem industriellen Röstprozess relevant ist, nur bei der ersten Messung bestimmt werden kann. Im gelagerten Kakao dominieren die stabilen Kristallstrukturen V und VI mit Schmelztemperaturen von etwa 31,3 und 36,0 °C. Nach Aufschmelzen und Abkühlung der Probe herrschen dann zunächst weniger stabile Kristallstrukturen mit Schmelztemperaturen zwischen 23,5 und 29,0 °C vor [FESSAS, 2005].

Vor diesem Hintergrund wurde speziell für Kakao eine aus vier Einzelmessungen je Probe bestehende Versuchsroutine entwickelt, die Tab. A.1 entnommen werden kann. Die Aufheizrate wurde mit 5 K/min so gewählt, dass der Temperaturbereich von 20-120 °C in 20 min durchlaufen wird, was einer typischen Verweilzeit im Röstprozess beim Rösten von Kakaobohnen entspricht. Die Messungen wurden in offenen Alutiegeln durchgeführt. Für eine Probe wurden etwa 8-10 mg mit einer Rasierklinge von einer frischen Kakaobohne abgeschabt.

Im ersten Durchlauf wird lediglich im Bereich von 0 -50 °C gemessen, um das ursprüngliche Schmelzverhalten gelagerter Kakaobohnen zu erfassen. Im zweiten Durchlauf wird die Probe bis auf 140 °C erhitzt. Die gemessenen Enthalpien umfassen neben der echten Wärmekapazität der Probe auch Reaktions- und Verdampfungsenthalpien. Im dritten Durchlauf wird die Probe erneut auf 140 °C erhitzt. Es fehlen nun Verdampfungs- und Reaktionsanteile in der gemessenen Gesamtenthalpie, die hauptsächlich aus Wärmekapazitätsanteilen der gerösteten Kakaomasse bestehen sollte. Dies wird in einem 4. Durchlauf überprüft. Sofern Durchlauf drei und vier deckungsgleich verlaufen, kann der Einfluss von Reaktionen und Verdampfungseffekten auf die dritte Messung weitestgehend ausgeschlossen werden.

Tab. A.1: Versuchsroutine zur Bestimmung der Enthalpieänderung von Kakao als Funktion der Temperatur.

#	Aufheizrate	$\vartheta_0 \rightarrow \vartheta_E$	Ziel
1.	5 K/min	0 °C → 50 °C	Gesamtenthalpie ($\vartheta < 45$ °C) inkl. Schmelzenthalpie von Kakao
2.	"	0 °C → 140 °C	Gesamtenthalpie ($\vartheta > 45$ °C) inkl. Reaktions- und Verdampfungsenth.
3.	"	0 °C → 140 °C	Gesamtenthalpie ($\vartheta > 45$ °C) exkl. Reaktions- und Verdampfungsenth.
4.	"	0 °C → 140 °C	Überprüfung, ob Gesamtenthalpie weiter abnimmt

A 1.3 Porosität und Dichte

Alle Dichte- und Porositätsmessungen wurden an Kakaobohnen durchgeführt. Mittelwerte beziehen sich auf mindestens drei Messungen. Unterschieden wird die Feststoffdichte ρ_f als Reindichte der Kakaomasse, die Partikeldichte ρ_{par} als Rohdichte ganzer Kakaobohnen und die Schüttdichte ρ_b einer Kakaobohnenschüttung. Aus diesen Werten lassen sich verschieden Porositäten ableiten. Die Gesamtporosität der Schüttung ε_b bezieht sich dabei auf alle Hohlräume in einer Kakaobohnenschüttung:

$$\varepsilon_b = 1 - \frac{\rho_b}{\rho_f} \tag{A.4}$$

Die Partikelporosität bezieht sich analog auf alle Hohlräume in einem Partikel [BART-PLANGE, 2003]:

$$\varepsilon_{par} = 1 - \frac{\rho_{par}}{\rho_f} \tag{A.5}$$

Interessiert es nun, welcher Anteil der Gesamtporosität auf die Partikelporosität zurückzuführen ist, bietet es sich an, eine innere und eine äußere Porosität der Schüttung zu definieren:

$$\varepsilon_b = \varepsilon_i + \varepsilon_a \tag{A.6}$$

Die innere Porosität lässt sich aus der Partikelporosität und der Gesamtporosität über folgende Gleichung berechnen:

$$\varepsilon_i = \frac{1 - \varepsilon_b}{1 - \varepsilon_{par}} \cdot \varepsilon_{par} \tag{A.7}$$

Die Feststoffdichte ρ_f wurde in einem Helium-Gaspyknometer (Quantachrome Micropycnometer V2.7) bestimmt. Das Messprinzip beruht auf dem Druckausgleich zwischen einer heliumgefüllten Druckkammer und einer Kammer unter Atmosphärendruck, in der sich die Probe befindet. Ein Softwareprogramm berechnet aus dem Druckabfall und dem bekannten Volumen der beiden Kammern zunächst das Volumen der Probe. Über das Gewicht der Probe kann dann auf die Dichte der Probe geschlossen werden.

Fehler können bei diesem Messprinzip dadurch entstehen, dass verschlossene Hohlräume nicht von dem Helium erreicht werden. Diese Hohlräume werden dann zum Volumen der Probe gezählt. Um diesen Fehler gering zu halten, wurden die Kakaobohnen vor der Messung in einer Kaffeemühle gemahlen.

Für die Bestimmung der Partikeldichte ρ_{par} von Kakaobohnen wurde ein 400 ml Messzylinder zunächst mit Quarzsand und dann mit Kakaobohnen gefüllt. Der Sand aus der ersten Füllung wurde dann dazu verwendet, die Hohlräume der Schüttung aufzufüllen. Aus der Masse der Kakaobohnen und der Masse des überschüssigen Quarzsandes konnte dann mit Hilfe seiner Schüttdichte auf die Partikeldichte der Kakaobohnen geschlossen werden:

$$\rho_{par} = \frac{m_{kakao} \cdot \rho_{sand}}{\Delta m_{sand}} \qquad (A.8)$$

Für die Bestimmung der Schüttdichte wurden ganze Kakaobohnen in einen 800 ml Messzylinder gefüllt und ihr Gewicht bestimmt. Die Schüttdichte ergibt sich nach Gleichung (A.9) zu:

$$\rho_b = \frac{m_{kakao}}{V_{zyl}} \qquad (A.9)$$

BART-PLANGE ET AL. weisen in diesem Zusammenhang darauf hin, dass keine Kompaktierung der Schüttung mehr stattfinden darf [Bart-Plange, 2003].

A 1.4 Partikelgrößenverteilung

Zur Bestimmung der Partikelmassenverteilung wurden 3x150 Bohnen in 0,1 g Klassen zwischen 0,2 und 1,9 g eingeteilt. Die größte Schwierigkeit besteht darin, subjektive Einflüsse bei der Auswahl der Bohnen zu vermeiden. Es ist daher notwendig, immer eine größere Anzahl von 20-30 Bohnen blind zu wählen und komplett zu klassieren und nicht etwa aus einer Grundgesamtheit von 1000-2000 Bohnen 150 Mal eine einzelne Bohne zu ziehen.

A 2 Eingesetzte Stoffe

In diesem Anhang folgt eine Darstellung der eingesetzten Stoffe und der für sie angesetzten Stoffwerte. Bei Stoffwerten, die ausschließlich der Literatur entnommen worden sind, handelt es sich entweder um hinreichend bekannte Daten, wie die von Luft und Wasser, oder es handelt sich wie bei den Kunststoffen um Stoffe, die in den durchgeführten Berechnungen eine nachgeordnete Rolle spielten.

A 2.1 Luft

Die dielektrischen Eigenschaften von Luft entsprechen annähernd denen des freien Vakuums. Relative Dielektrizitätskonstante und Verlustzahl können somit mit $\varepsilon' = 1$ und $\varepsilon'' = 0$ angesetzt werden.

Spezifische Wärmekapazität und Dichte wurden dem VDI-Wärmeatlas entnommen. Die mittlere Wärmkapazität zeigt demnach im hier relevanten Temperaturbereich von 20-150 °C annähernd keine Temperaturabhängigkeit und konnte mit $c_{p,Luft} = 1{,}01 \text{ J·g}^{-1}\text{·K}^{-1}$ als konstant angenommen werden; Luftmengen wurden über die Dichte bei 20 °C abgeschätzt: $\rho_{Luft} = 1{,}19 \text{ kg·m}^{-3}$ [GVC, 2006].

A 2.2 Kunststoffe

Dielektrizitätskontante und Verlustzahl von Polypropylen (PP) wurden mit der Resonatormessmethode (s. A 1.1.3) zu $\varepsilon' = 2{,}25 \pm 0{,}02$ und $\varepsilon'' = 0{,}0026 \pm 0{,}0011$ bestimmt. COSTA ET AL. ermittelten für eine Frequenz von etwa 2,7 GHz eine Dielektrizitätskonstante von $2{,}45 \pm 0{,}07$ und einer Verlustzahl von $0{,}0029 \pm 0{,}0008$. Die Werte sind also von der Größenordnung her durchaus vergleichbar [COSTA, 2005].

Für die Berücksichtung der Wärmekapazität der Bechergläser in Berechnungen zur Mikrowellenerwärmung von Flüssigkeiten mussten spezifische Wärmekapazitäten von Polypropylen (PP) und Polymethylpenten (PMP) angesetzt werden. Die Wärmekapazität von Polypropylen ist dem VDI-Wärmeatlas als Mittelwert der Werte für 25 und 50 °C entlehnt: $c_{p,PP} = 1{,}8 \text{ J·g}^{-1}\text{·K}^{-1}$ [GVC, 2006]. Für PMP wurde ein Wert von MELIA ET AL. aus demselben Temperaturbereich verwendet: $c_{p,PMP} = 1{,}8 \text{ J·g}^{-1}\text{·K}^{-1}$ [MELIA, 1967].

A 2.3 Wasser

Für Erwärmungsversuche mit Wasser wurde herkömmliches Leitungswasser verwendet. Die dielektrischen Eigenschaften bei 2,45 GHz wurden mittels der Tastkopfmethode bei 20 °C gemessen und ergaben sich zu $\varepsilon' = 77{,}0 \pm 0{,}2$ und $\varepsilon'' = 10{,}6 \pm 0{,}1$. Dies ist im Rahmen der Messgenauigkeit gut vergleichbar mit Werten von PERSCH, die bei dieser Temperatur komplexe dielektrische Eigenschaften von $\varepsilon = 77{,}6\text{-}10{,}8\,i$ angibt [PERSCH, 1997].

Für die spezifische Wärmekapazität und Dichte wurden die bekannten Werte für Wasser angesetzt. So gilt für die spezifische Wärmekapazität bei 20-60 °C $c_{p,H2O} = 4,18\ J \cdot g^{-1} \cdot K^{-1}$ und für die Dichte bei 20 °C $\rho_{H2O} = 1\ g \cdot cm^{-3}$ [GVC, 2006].

A 2.4 Pflanzenöl

Für Erwärmungsversuche mit Öl wurde ein handelsübliches Pflanzenöl (Firma Floreal, Typ GV) verwendet. Die dielektrischen Eigenschaften wurden mit der Resonatormessmethode bei Raumtemperatur zu $\varepsilon' = 2,53 \pm 0,06$ und $\varepsilon'' = 0,166 \pm 0,01$ bestimmt. Diese stimmen gut mit Daten GRÜNEBERGS überein, der für verschiedene Pflanzenöle bei 2,45 GHz Dielektrizitätskonstanten im Bereich von 2,3-2,6 und Verlustzahlen im Bereich 0,14-0,21 fand. GRÜNEBERG merkte an, dass es keinen signifikanten Unterschied in den dielektrischen Eigenschaften der von ihm untersuchten Öle gab und im von ihm untersuchten Temperaturbereich von 5-50 °C nur eine sehr geringe Temperaturabhängigkeit auftrat [GRÜNEBERG, 1994]. TINGA ET AL. geben für Pflanzenöle bei 1 und 3 GHz in einem Temperaturbereich von 25-82 °C Dielektrizitätskonstanten von 2,5-2,8 und Verlustzahlen von 0,14-0,17 an [TINGA, 1973]. Auch diese lassen die Messung dieser Arbeit zuverlässig erscheinen.

Die Messung der spezifischen Wärmekapazität mittels DSC ergab im Temperaturbereich von 15 - 45 °C einen Wert von $c_p = 2,1 \pm 0,06\ J \cdot kg^{-1} \cdot K^{-1}$. Auch dieser Wert ist wiederum sehr gut vergleichbar mit den Angaben GRÜNEBERGS der für die von ihm verwendeten Pflanzenöle spezifische Wärmekapazitäten von $2,05\text{-}2,09\ J \cdot kg^{-1} \cdot K^{-1}$ ermittelte [GRÜNEBERG, 1994].

Die Dichte wurde mit einem Messzylinder zu $0,905\ kg \cdot l^{-1}$ bestimmt.

A 2.5 Silikonöl

Als schwach mikrowellenabsorbierende Flüssigkeit wurde ein hochviskoses synthetisches Silikonöl (Wacker AK 1000) verwendet. Die dielektrischen Eigenschaften wurden mit der Resonatormessmethode bei Raumtemperatur zu $\varepsilon' = 2,84 \pm 0,02$ und $\varepsilon'' = 0,016 \pm 0,007$ bestimmt.

Als Wärmekapazität gibt der Hersteller „etwa" 1,55 J·kg^{-1}·K^{-1} an, die mit der Temperatur leicht zunehme. Diese etwas vage Aussage wurde mittels DSC überprüft. Die Messung ergab im Temperaturbereich von 15-45 °C einen Wert von c_p = 1,54 ± 0,03 J·kg^{-1}·K^{-1}.

Die Dichte beträgt gemäß Datenblatt des Herstellers ρ = 0,97 g·cm^{-3}.

A 2.6 Kakao

In dieser Arbeit wurde ausschließlich fermentierter Kakao aus Ghana einer Charge verwendet, der von einem Industriepartner zur Verfügung gestellt wurde. Der Wassergehalt der ungerösteten Bohnen lag bei 5,7 %, bei einem mittleren Gewicht von 1,1 ± 0,3 g. Dies stimmt exakt mit den Werten überein, die BART-PLANGE ET AL. bei einem Wassergehalt von 5,7 % für Bohnen mit der Provenienz Ghana ermittelten [BART-PLANGE, 2003]. In Abb. A.1 sind die gemäß Anhang A 1.4 bestimmten Partikelmassenverteilungen gerösteter und ungerösteter Kakaobohnenschüttungen dargestellt. Es ist erkennbar, dass der Median durch den Massenbezug der Partikelmassenverteilung gegenüber dem Mittelwert in Richtung 1,2 g verschoben ist.

In Abb. A.1 sind exemplarisch zwei Querschnitte durch zwei Kakaobohnen abgebildet. Es ist ersichtlich, dass Kakaobohnen eine nicht unerhebliche Partikelporosität aufweisen, die die Schüttdichte einer Kakaobohnenschüttung mit beeinflusst.

Für Kakaobohnen errechnete sich die Partikelporosität ε_{par} für ungeröstete Bohnen zu 20 % und für mikrowellengeröstete Bohnen zu 28 %. Dies entspricht einer inneren Porosität ε_i bezogen auf die Kakaobohnenschüttung von 12 % für ungeröstete Bohnen und 17 % für geröstete Bohnen. Für die äußere Porosität ε_a ergibt sich ein Wert von 39 % für geröstete und ungeröstete Bohnen (Methodik s. Anhang A 1.3). Dieser Zusammenhang wird in Abb. A.2 dargestellt. Die Übereinstimmung mit den Daten von BART-PLANGE ET AL. ist wiederum sehr gut, die für ungeröstete Bohnen bei einem Wassergehalt von 8,6 % eine Partikelporosität von 20,6 % angeben [BART-PLANGE, 2003].

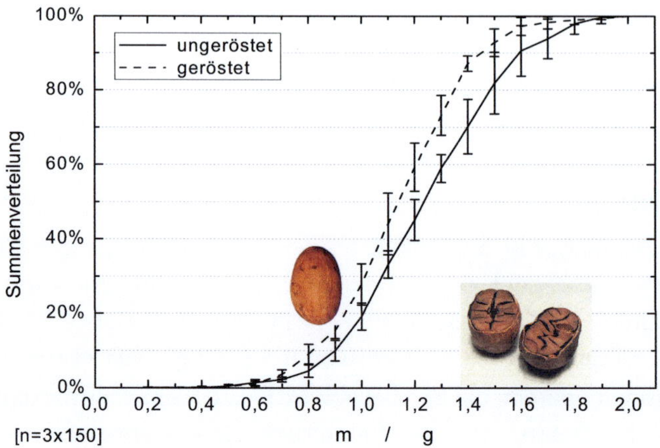

Abb. A.1: *Partikelmassenverteilung mikrowellengerösteter und ungerösteter Kakaobohnen, aufgeschnittene Kakaobohne.*

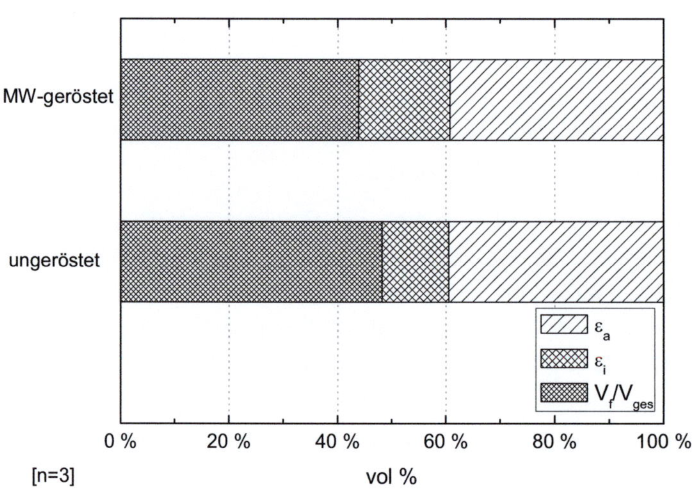

Abb. A.2: *Innere und äußere Porositäten mikrowellengerösteter und ungerösteter Kakaobohnen.*

Offensichtlich wird durch den Röstprozess also nur die innere Porosität beeinflusst. Äußere Form und das Volumen der Kakaobohnen bleiben erhalten. Der Wert, um den sich die innere Porosität erhöht, entspricht ziemlich genau der Masse und dem Volumen der Wasser- und Essigsäureabnahme. Diese hinterlassen bei der Verdampfung Hohlräume im Produkt. Eine Schrumpfung findet nicht statt.

Die dielektrischen Eigenschaften von ungeröstetem und geröstetem Kakao wurden mit der Resonatormessmethode in Glasröhrchen bei Raumtemperatur und bei 60 °C bestimmt. Die beiden Temperaturen wurden so gewählt, dass die Kakaobutter einmal in festem und einmal in flüssigem Zustand im Produkt vorlag. Die Messungen wurden außerdem für verschiedene Porositäten durchgeführt, um Aussagen für das Absorptionsverhalten von Kakaoschüttungen ableiten zu können. Die Porosität wurde für die einzelnen Messungen aus der Feststoffdichte des Kakaos, dem Volumen der Probenröhrchen und der Masse des eingewogenen Kakaos berechnet:

$$\varepsilon = 1 - \frac{m_{Kakao}}{\rho_f \cdot V_{Zylinder}} \tag{A.10}$$

Die Ergebnisse der Messungen sind in Abb. A.3 dargestellt. Während der Einfluss des Aufschmelzens und der Röstung auf die relative Dielektrizitätskonstante vergleichsweise gering ist, ist ihr Einfluss auf die Verlustzahl deutlicher. Zunächst einmal nimmt die Verlustzahl von Kakao bei sonst gleichen Bedingungen mit dem Rösten ab. Dies liegt nahe, da die Dipolrelaxation des Restwassers im Kakao zu nicht unwesentlichen Teilen zur Absorption der Mikrowellen beitragen wird. Mit der Abnahme des Restwassers während des Röstprozesses nimmt folglich auch die Verlustzahl ab. Bezüglich des Aufschmelzvorgangs findet sich bei VENKATESH ET AL. ein Hinweis, dass die Verlustzahl mit dem Aufschmelzen der Fettphase zunimmt [VENKATESH, 2004]. DEBYE postuliert, dass mit einer Zunahme der Viskosität durch fallende Temperaturen die Relaxationszeit der betrachteten Moleküle steigt.

$$\tau \propto \frac{\eta}{T} \tag{A.11}$$

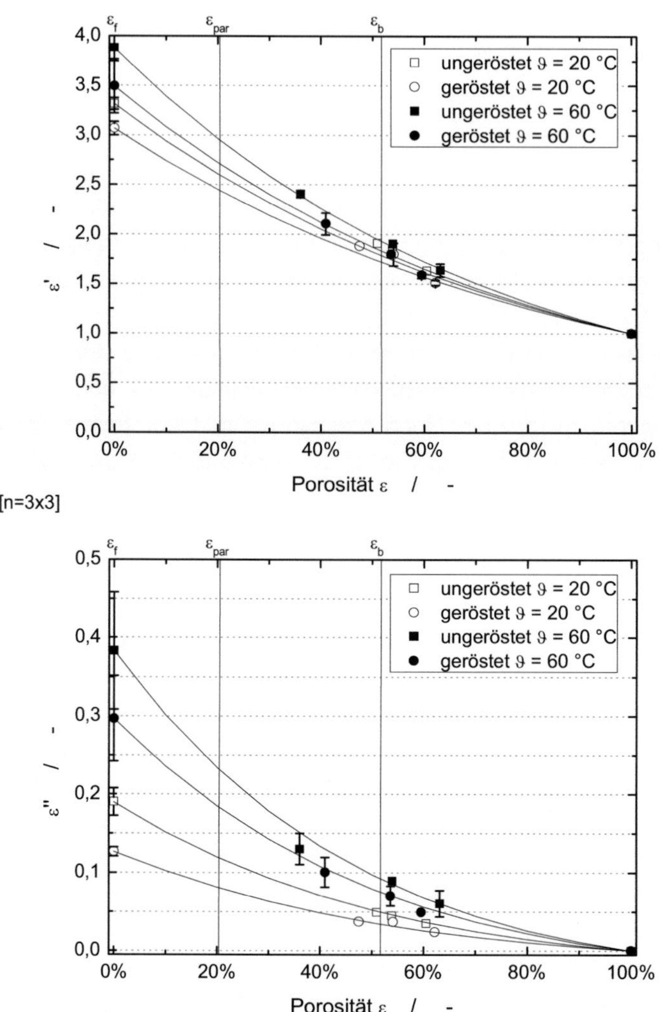

Abb. A.3: Dielektrische Eigenschaften mikrowellengerösteten und ungerösteten Kakaos bei 20 °C und 60 °C als Funktion der Porosität. Anpassungskurven nach LICHTENECKER-ROTHER.

Folglich sinkt die Relaxationsfrequenz des betrachteten Stoffes und das Gebiet seiner anomalen Dispersion entfernt sich zunehmend aus dem Radio- und Mikrowellenfrequenzbereich [DEBYE, 1929]. Dies ist auch beim Phasenübergang von Wasser zu Eis zu beobachten. Die Relaxationsfrequenz nimmt von etwa 10^{10} Hz auf 10^3 Hz ab [HASTED, 1973]. Eis verhält sich in diesem Fall wie eine polare Flüssigkeit mit sehr hoher innerer Reibung [DEBYE, 1929]. Für eine kristalline Fettphase kann Ähnliches erwartet werden.

Für eine Porosität von $\varepsilon = 0$ % entsprechen die dielektrischen Eigenschaften denen des Vollmaterials, in diesem Fall der Kakaomasse, für eine Porosität von $\varepsilon = 100$ % erreichen die dielektrischen Eigenschaften als Randbedingung die Werte von Luft (1-0 i).

Für den dazwischen liegenden Bereich wurde in der Literatur eine Vielzahl von Mischungsgleichungen vorgeschlagen. Ein gute Übersicht hierzu findet sich bei [ERLE, 2000b] oder [NELSON, 2004]. Für die hier vorliegenden Daten lieferte eine logarithmische Mischungsgleichung nach LICHTENECKER-ROTHER gute Ergebnisse [LICHTENECKER, 1931]:

$$\ln \varepsilon_{misch} = c_{V,1} \cdot \ln \varepsilon_1 + \left(1 - c_{V,1}\right) \cdot \ln \varepsilon_2 \tag{A.12}$$

ε_1, ε_2 und ε_{misch} beziehen sich hierbei auf die komplexen dielektrischen Eigenschaften der Einzelsubstanzen sowie der Mischung.

In Abb. A.3 sind die so nach LICHTENECKER-ROTHER angepassten komplexen dielektrischen Eigenschaften ε' und ε'' als Funktion der Gesamtporosität der Schüttung ε aufgetragen.

Für die Betrachtung des Erwärmungsverhaltens von Kakaobohnen und Kakaoschüttungen sind im Rahmen dieser Arbeit drei Werte von besonderer Bedeutung: die dielektrischen Eigenschaften von Kakaomasse ($\varepsilon = 0$), von Kakaobohnen (ε_{par}) und Kakaoschüttungen (ε_b). Die in dieser Arbeit für Berechnungen verwendeten Werte auf der Basis von Gleichung (A.12) sind in Tab. A.2 und Tab. A.3 zusammengestellt.

Tab. A.2: Für die Berechnungen verwendete dielektrische Eigenschaften von Kakao (ungeröstet 60 °C).

Anwendungsfall		ε'	ε''
Kakaoschüttung	$\varepsilon = \varepsilon_b = 52$ %	1,9	0,09

Tab. A.3   Für die Berechnungen zum vergleichenden Erwärmungsverhalten von Kakaobohnen verwendete dielektrische Eigenschaften.

Anwendungsfall: Kakaobohnen		$\vartheta = 20\ °C$	$\vartheta = 60\ °C$
ungeröstet	$\varepsilon = \varepsilon_{par} = 20\ \%$	2,6-0,12 i	3,0-0,23 i
geröstet	$\varepsilon = \varepsilon_{par} = 28\ \%$	2,2-0,07 i	2,5-0,15 i

In Abb. A.4 ist das Enthalpie-Temperatur-Diagramm aus den in Anhang A 1.2 beschriebenen DSC-Messungen dargestellt. Für 50, 100 und 140 °C sind exemplarisch die Standardabweichungen aus drei unabhängigen Messungen angegeben. Die Standardabweichung nimmt von 0 °C nach 140 °C stetig zu. Dies liegt daran, dass die Kurven aller drei Messungen im Nullpunkt verankert sind.

Der Kurve aus dem ersten Durchlauf kann entnommen werden, welche Wärmemenge benötigt wird, um den Kakao auf 45 °C zu erwärmen und die Kakaobutter aufzuschmelzen. Der Aufschmelzvorgang im Bereich zwischen 30 und 36 °C ist deutlich zu erkennen. Die Schmelztemperaturen weisen auf eine Dominanz der vergleichsweise stabilen Kristallstrukturen V und VI hin (vgl. [FESSAS, 2005]). Die Kurve des zweiten Durchlaufs gibt dann Aufschluss, welche Wärmemengen benötigt werden, um den frischen Kakao weiter auf bis zu 140 °C zu erhitzen. Dies beinhaltet neben der Wärmekapazität alle Reaktionsenthalpien, sowie die Verdampfungsenthalpien aller verdampfenden Stoffe, insbesondere Wasser und Essigsäure. Im dritten Durchlauf wird nun nur noch die Wärmekapazität der nicht flüchtigen Bestandteile erfasst. Dies entspricht insbesondere der Wärmemenge, die geröstete Bohnen während des Abkühlvorgangs wieder abgeben können. Hierbei darf nicht übersehen werden, dass die Bezugsmasse weiterhin das Gewicht der frischen Bohnen ist. Um sicherzustellen, dass im 3. Durchlauf keine enthalpiewirksamen nicht reversiblen Veränderung im Produkt mehr stattfanden, wurde ein 4. Durchlauf durchgeführt, der wie zu erwarten absolut deckungsgleich mit Durchlauf 3 verlief.

Die aufgetragenen Größen sind als Enthalpiegrößen unter Prozessbedingungen und damit im Ungleichgewicht zu verstehen. Bei deutlich abweichenden Prozessbedingungen können sich insbesondere Wasser-verdampfungsanteile und Reaktionsenthalpien in andere Bereiche des Diagramms verlagern.

Abb. A.4 sind unmittelbar zwei interessante Fakten zu entnehmen. Erstens wird für den Aufschmelzvorgang, bei dem nur 20 % des notwendigen Temperatursprungs stattfindet, ein Drittel der insgesamt für das Rösten notwendigen Energie aufgewendet. Zweitens wird etwa 20 % der Energie für die Erwärmung und Verdampfung flüchtiger Substanzen aufgewendet und kann somit nicht unmittelbar aus den Bohnen zurückgewonnen werden.

Für die praktische Anwendung ist es notwendig, Temperaturdaten aus Versuchen unkompliziert in Enthalpiedaten umzurechnen. Hierfür wurden einfache Anpassungsgleichungen für die Daten des Diagramms entwickelt.

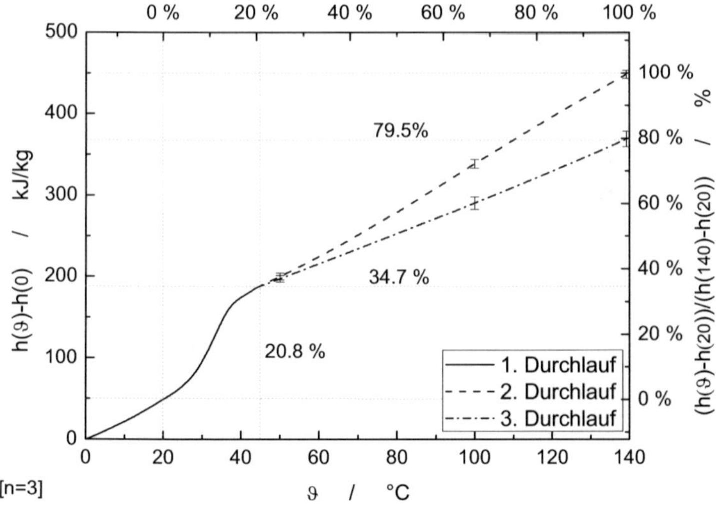

Abb. A.4: *Enthalpie-Temperatur-Diagramm von frischem und geröstetem Kakao.*

Das Enthalpie-Temperatur-Diagramm wurde zu diesem Zweck in drei Abschnitte unterteilt und durch Funktionen angepasst. Den ermittelten Funktionen liegt *kein* physikalischer Zusammenhang zu Grunde, sondern es sollte lediglich eine gute Anpassung erzielt werden:

$0\ °C < \vartheta < 22{,}6\ °C$:

$$h(\vartheta) - h(0) = 0{,}2714 \cdot \vartheta^2 + 1.901 \cdot \vartheta \tag{A.13}$$

$20\ °C < \vartheta < 44\ °C$:

$$h(\vartheta) - h(0) = 47{,}72271 + \frac{(143{,}54922)}{1 + 10^{\,12{,}38196 - (\vartheta - 20)\cdot 0{,}11915}} \tag{A.14}$$

$\vartheta > 44\ °C$:

geröstet:

$$h(\vartheta) - h(0) = 1.90698 \cdot \vartheta + 100{,}68411 \tag{A.15}$$

ungeröstet:

$$h(\vartheta) - h(0) = 47{,}22713 + \frac{(564{,}63384)}{1 + 10^{\,53{,}37115 - (\vartheta - 20)\cdot 0{,}00917}} \tag{A.16}$$

Übersetzt in eine EXCEL-Funktion ergibt sich für gerösteten Kakao:

h(ϑ)-h(0) =

*WENN(A11<22,6;0,02714*A11^2+1,901*A11;WENN(A11<45,5;4 7,722713+(143,54922)/(1+10^((12,38196-(A11-20))*0,11915));1, 90698*A11+100,68411))* (A.17)

und für ungerösteten Kakao:

h(ϑ)-h(0) =

*WENN(A12<22,6;0,02714*A12^2+1,901*A12;WENN(A12<45,5;4 7,722713+(143,54922)/(1+10^((12,38196-(A12-20))*0,11915));47 ,7167+(564,63384)/(1+10^((53,37115-(A12-44))*0,00917))))* (A.18)

A 2.7 Zusammenfassung der verwendeten Stoffwerte

In Tab. A.4 sind alle Stoffwerte zusammengestellt, die im Verlauf dieses Anhangs näher diskutiert wurden und in der Arbeit in Berechnungen Verwendung finden. Sofern nicht anders definiert sind Größen bei Raumtemperaur (20 °C) angegeben. Die angegeben Wärmekapazitäten

c_p besitzen in einem Temperaturbereich von 20 -50 °C eine für die Berechnungen dieser Arbeit hinreichende Genauigkeit. Fehlende Standardabweichungen weisen auf Literaturwerte oder abgeleitete Größen hin.

Tab. A.4: Übersicht über in Berechnungen verwendete Stoffeigenschaften.

Stoff	ε	ε'	ε''	ρ	c_p
	-	-	-	$g{\cdot}cm^{-3}$	$J{\cdot}g^{-1}{\cdot}K^{-1}$
Luft	-	1	0	0,00119	1,01
Wasser	-	77,0 ± 0,2	10,6 ± 0,1	1	4,18
Pflanzenöl	-	2,53 ± 0,06	0,166 ± 0,011	0,905	2,1 ± 0,06
Silikonöl	-	2,84 ± 0,02	0,016 ± 0,007	0,97	1,55
PP	-	2,25 ± 0,02	0,0026 ± 0,0011	-	1,8
PMP	-	-	-	-	1,8
Kakaomasse unger. ϑ = 60 °C	0 %	3,88 ± 0,14	0,38 ± 0,08	1,170± 0,004	s. Gl. (A.18)
Kakaobohnen:					
ungeröstet ϑ = 20 °C	20 %	2,6	0,12	0,932 ± 0,016	s. Gl. (A.18)
ungeröstet ϑ = 60 °C	20 %	3,0	0,23	0,932 ± 0,016	s. Gl. (A.18)

Stoff	ε	ε'	ε''	ρ	c_p
Kakaobohnen:	-	-	-	$g \cdot cm^{-3}$	$J \cdot g^{-1} \cdot K^{-1}$
geröstet $\vartheta = 20\,°C$	28 %	2,2	0,07	0,850 $\pm 0,035$	s. Gl. (A.17)
geröstet $\vartheta = 60\,°C$	28 %	2,5	0,15	0,850 $\pm 0,035$	s. Gl. (A.17)
Kakaoschüttung unger. $\vartheta = 60\,°C$	52 %	1,9	0,09	0,564 $\pm 0,003$	s. Gl. (A.18)

A 3   Verwendete Bechergläser

In Tab. A.5 sind die Abmessungen, Gewichte und Materialen der verwendeten Bechergläser zusammengestellt.

Tab. A.5:   Für Erwärmungsversuche verwendete Bechergläser.

V / ml	m' / g	z' / cm	Material	V_{nenn} / ml	m / g	d / cm	z / cm
50	7,1	4,4	PMP	50	9	4,1	5,9
125	21,7	5,6	PMP	150	19	5,6	7,9
225	25,8	7,0	PP	250	33	6,7	9,4
330	38,6	7,9	PP	400	50	7,6	10,8
500	58,0	8,8	PP	600	77	8,8	12,4
1000	106,2	12,5	PP	1000	121	10,5	14,6
1760	137,8	13,5	PP	2000	178	13,1	18,4

V ist hierbei das Volumen, das in den Versuchen verwendet wurde, und *m′* die Masse der Bechergläser, die in unmittelbarem Kontakt zum Medium stand. Dies ist der Becherboden zuzüglich Wand des Becherglases bis zur Füllhöhe *z′*:

$$m' = m \cdot \frac{\dfrac{d^2}{4} \cdot \pi + d \cdot \pi \cdot z'}{\dfrac{d^2}{4} \cdot \pi + d \cdot \pi \cdot z} \tag{A.19}$$

Das Verhältnis von Füllhöhe zu Durchmesser wurde so gewählt, dass es in etwa eins beträgt. Einzig bei der 1000 ml Last wurde das Verhältnis nicht ganz eingehalten, es sollte aber nicht auf sie verzichtet werden.

A 4　Konstanz der Leistungsaufnahme von Haushalts-mikrowellenöfen

Um die Vergleichbarkeit der Versuche zur Leistungsaufnahme unterschiedlicher Lasten sicherzustellen, musste geprüft werden, inwiefern die Leistungsaufnahme von Haushaltsmikrowellenöfen schwankt. Hierbei ging es um drei Fragestellungen.

- Schwankungen über eine Folge von Versuchen (langfristiger Trend)

- Schwankungen innerhalb eines Versuchs (kurzfristiger Trend)

- Schwankungen als Funktion des Lastvolumens

Hierzu wurde Ofen C zunächst für 6 min bei voller Leistung in Betrieb genommen, um auf Betriebstemperatur zu kommen. Anschließend wurden unmittelbar aufeinander folgend drei Versuchsreihen durchgeführt. In jeder Versuchsreihe wurde nacheinander je eine 100 ml-, eine 250 ml- und eine 1000 ml-Last für 60 s bei voller Leistung erwärmt und die Bruttoleistungsaufnahme des Gerätes aus dem Netz mit einem Wattmeter protokolliert.

In Abb. A.5 ist die Bruttoleistungsaufnahme dieser 9 Versuche aufgetragen. Die Abweichungen zwischen maximaler und minimaler Leistungsaufnahme in diesen Versuchen lagen bei weniger als 2 %. Ein langfristiger Trend, dass die Leistungsaufnahme über die Anzahl der Versuche zu- oder abnimmt, war nicht zu erkennen.

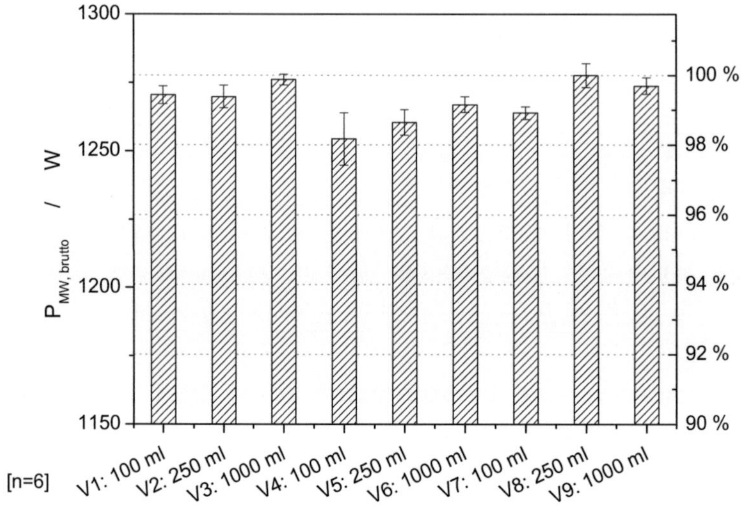

Abb. A.5: Bruttoleistungsaufnahme von Ofen C (warm) in 9 aufeinander folgenden Versuchen. Standardabweichungen beziehen sich auf 6 Messwerte innerhalb eines 60 s-Versuchs.

Auch kurzfristig, also während des Verlaufs einzelner Versuche, war kein Trend der Leistungsaufnahme zu erkennen. Die beobachteten Schwankungen waren nicht signifikant (Abb. A.6).

Schließlich sollte in dieser Versuchsreihe noch geklärt werden, ob ein Teil der geringeren Nettoleistungsaufnahme kleiner Lasten zumindest teilweise auf eine verringerte Bruttoleistungsaufnahme des Mikrowellenofens zurückzuführen ist. Dieser Zusammenhang ist ebenfalls Abb. A.6 zu entnehmen.

Die volumenabhängige Schwankung der Leistungsaufnahme beträgt weniger als 1 % und ist nicht signifikant. Ein deutlicher Abfall der Leistungsaufnahme wurde lediglich im leeren Betrieb beobachtet, aber selbst in diesem Extremfall bleiben über 94 % der Leistungsaufnahme des Mikrowellenofens erhalten.

Anhand der Leistungsaufnahme des Ofens C wurde gezeigt, dass der Betriebszustand von Haushaltsmikrowellenöfen sowohl über längere

Versuchsdauern, als auch als Funktion des Lastvolumens stabil ist. Der Mikrowellenofen muss allerdings zunächst auf Betriebstemperatur gebracht werden, da die Leistungsaufnahme im kalten Zustand zunächst um ca. 10 % erhöht ist. Sie fällt dann aber rasch hin zu einer stabilen Leistungsaufnahme ab.

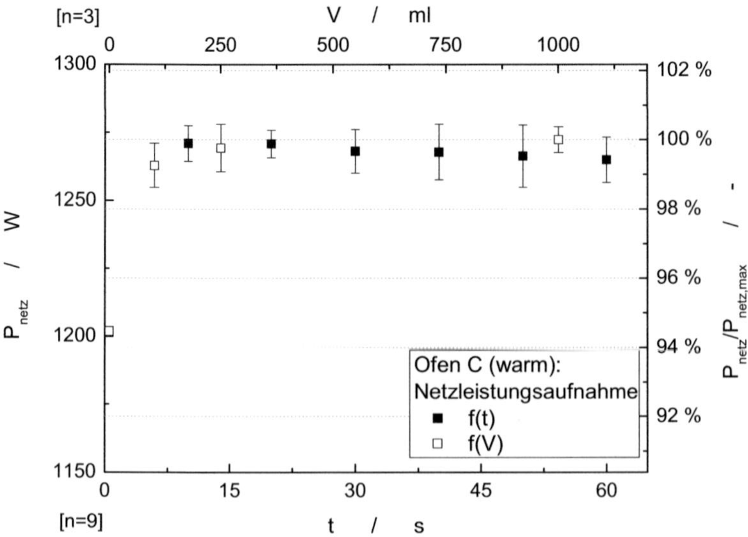

Abb. A.6: Bruttoleistungsaufnahme von Ofen C (warm) als Funktion des Volumens und über die Dauer eines 60 s dauernden Versuchs.

A 5 Mikrowellenunterstützter Schachtröster

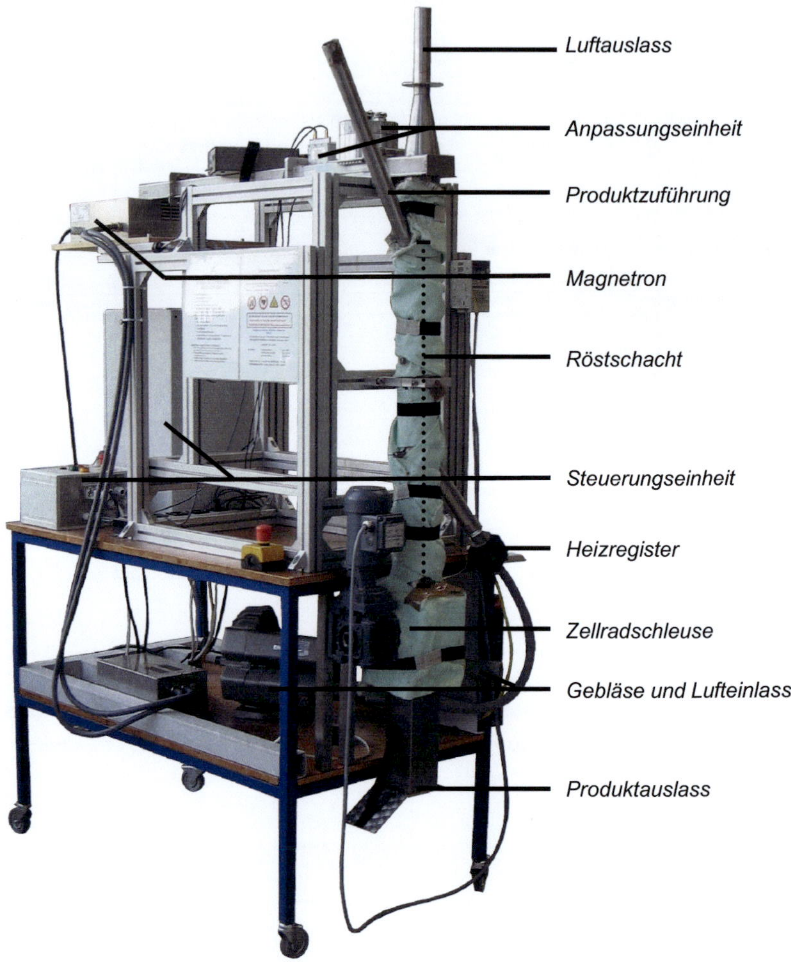

Abb. A.7: Mikrowellenunterstützter Schachtröster.

Anhang B Ergänzende Angaben zur Diskussion der Ergebnisse

B 1 Zusammenhang von Leistungsaufnahme und Aufheizrate

OHLSSON berichtet in einem kurzen Absatz eines Übersichtsartikels über die vergleichende Absorption von Öl und Wasser und stellt fest, dass die sich einstellenden Temperaturunterschiede trotz der niedrigeren Absorptionsfähigkeit von Öl überschaubar bleiben. Er führt dies auf die niedrigere spezifische Wärmekapazität von Öl zurück [OHLSSON, 1983].

Prinzipiell trat dieser Zusammenhang auch in dieser Arbeit zu Tage und ist in Abb. B.1 dargstellt. Bereits bei einem Volumen von 500 ml *erwärmt* sich Öl in Konkurrenz zu einer gleich großen Wasserlast schneller. Die Aufheizrate wurde nach Gleichung (B.1) berechnet:

$$\overline{\left(\frac{dT}{dt}\right)} = \frac{\vartheta_E - \vartheta_0}{\Delta t} \tag{B.1}$$

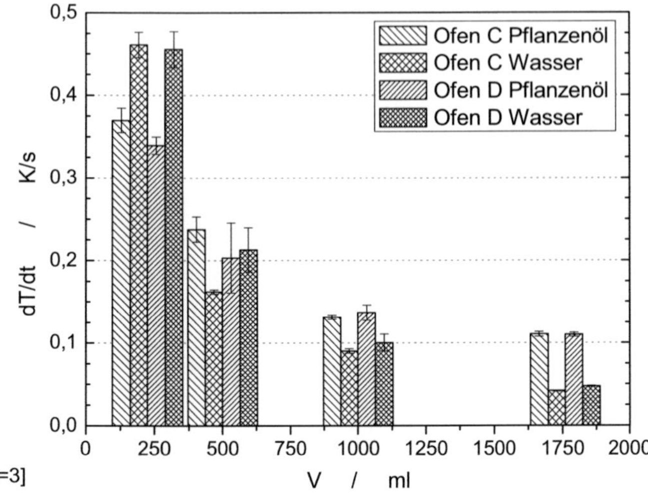

Abb. B.1: Aufheizrate identisch großer Wasser- und Öllasten unter Konkurrenz.

Bei der Auslegung industrieller Prozesse ist dieser Zusammenhang zu berücksichtigen, weil es häufig nicht das Ziel sein wird, eine identische Leistungsaufnahme zu erreichen, sondern eine identische Erwärmungsrate. In diesem Fall muss die normierte volumenbezogene Leistungsaufnahme weiter durch die Dichte und die spezifischer Wärmekapazität geteilt werden:

$$\frac{1}{P_A} \cdot \frac{P_V}{\rho \cdot c_p} = \overline{\left(\frac{dT}{dt}\right)} \cdot \frac{1}{P_A} \tag{B.2}$$

Gleichung (B.2) drückt aus, wie die Temperatur einer Probe im Mittel pro Zeiteinheit pro auf sie auftreffender Leistungsdichte ansteigt – eine über die unmittelbar angebotene Leistung normierte Aufheizrate.

B 2   Minimierung von Verlusten an der Anlage

Prinzipiell sind fünf Verlustmechanismen zu unterscheiden, die in industriellen Mikrowellenprozessen eine Rolle spielen können.

Zunächst kommt es zu Verlusten durch Wandströme an elektrisch leitfähigen Oberflächen. Diese fallen umso höher aus, je höher der spezifische Widerstand des Wandmaterials ist. Einige exemplarische Größen sind Tab. B.1 zu entnehmen.

Tab. B.1: Spezifischer Widerstand ρ und Leitfähigkeit σ ausgewählter Metalle [METAXAS, 1983].

Metall	ρ / $\Omega{\cdot}$m	σ / S${\cdot}$m^{-1}
Aluminium	$2{,}92{\cdot}10^{-8}$	$34{,}3{\cdot}10^{6}$
Messing (90 % Kupfer)	$4{,}15{\cdot}10^{-8}$	$24{,}1{\cdot}10^{6}$
Messing (70 % Kupfer)	$6{,}90{\cdot}10^{-8}$	$14{,}5{\cdot}10^{6}$
Kupfer	$1{,}72{\cdot}10^{-8}$	$58{,}0{\cdot}10^{6}$
Silber	$1{,}64{\cdot}10^{-8}$	$61{,}0{\cdot}10^{6}$
Edelstahl (304)	$7{,}19{\cdot}10^{-7}$	$13{,}9{\cdot}10^{5}$

Gerade bei Haushaltsmikrowellengeräten wird gerne auf den vergleichsweise verlustbehafteten Edelstahl zurückgegriffen, weil so auch im Leerbetrieb nennenswerte Verluste auftreten und somit das Magnetron geschützt und überhöhte Feldstärken verhindert werden [METAXAS, 1983].

Zweitens kann es zu dielektrischen Verlusten an nicht leitenden Einbauten und Oberflächenbeschichtungen in der Anlage kommen. Diese lassen sich idealerweise dadurch verhindern, dass man auf sie verzichtet. Ist ein Einbau unumgänglich, so muss auf die Mikrowellentauglichkeit der Kunststoffe geachtet werden. In Abb. B.2 sind exemplarisch die dielektrischen Eigenschaften einiger Kunststoffe ihrer Dauergebrauchstemperatur gegenüber gestellt. Hierbei sticht der Hochleistungskunststoff PFA mit außergewöhnlich niedrigen dielektrischen Eigenschaften ($\varepsilon'' < 0{,}01$) und hoher Temperaturbeständigkeit ($\vartheta_{geb} \gg 200\,°C$) heraus. Ähnliche Eigenschaften weisen auch die im Rahmen dieser Versuchsreihe nicht vermessenen PTFE (Polytetrafluorethylen, nicht schweißbar) und PEEK (Polyetheretherketon, mechanisch belastbar) auf, die eine breite Anwendung in Mikrowellenanwendungen finden. Aus Kostengründen kann bei ausgewählten Anwendungen auch auf PE oder PP zurückgegriffen werden, die von den dielektrischen Eigenschaften her konkurrenzfähig zu den Hochleistungskunstoffen sind. Kritisch ist jedoch die deutlich verringerte Dauergebrauchstemperatur ($\vartheta_{geb} \approx 100\,°C$). Generell gilt, dass Farbstoffe oder Glasfaserverstärkungen die Mikrowellentauglichkeit eines Kunststoffs schwächen. Kritisch kann auch das Wasseraufnahmevermögen sein, da sich die dielektrischen Eigenschaften durch Wasseraufnahme im Verlauf eines Prozesses erhöhen können. Mit Ausnahme von Polycarbonat (0,36 %) haben alle hier untersuchten Kunststoffe ein sehr niedriges Wasseraufnahmevermögen von unter 0,1 % (Herstellerangabe gemäß DIN EN ISO 62).

Drittens kann es bei hohen Leistungsdichten zu Verlusten durch Plasmabildung kommen, wenn im Applikator eine kritische Feldstärke überschritten wird. Diese kritische Feldstärke ist eine Funktion des Umgebungsdrucks mit einem Minimum für 2,45 GHz bei 2,6 mbar [MEREDITH, 1998]. Bei Atmosphärendruck spielen Plasmaverluste üblicherweise keine Rolle.

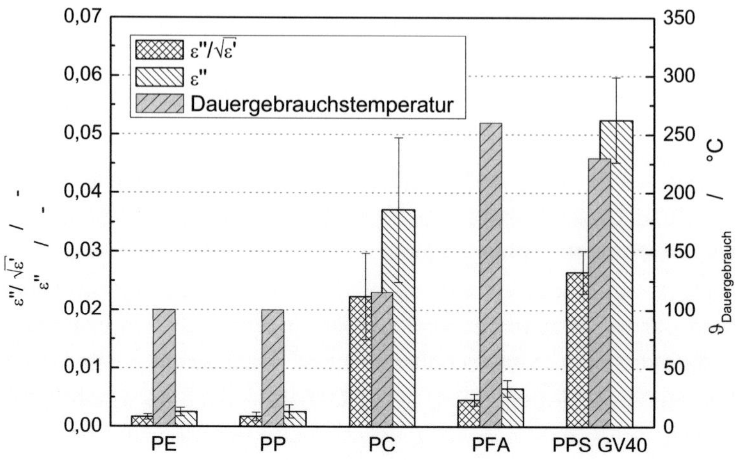

Abb. B.2: Verlustzahl und normierte Verlustzahl (eigene Messungen) sowie die Dauergebrauchstemperatur (Herstellerangaben Schmidt & Bartl) ausgewählter Kunststoffe bei 2,45 GHz: (PE) Polyethylen, (PP) Polypropylen, (PC) Polycarbonat, (PFA) Perfluoralkoxylalkan, (PPS GV40) Polyphenylensulfid 40 % Glasfaser.

Viertens kann es beispielsweise an Chokes zu einer Leckage kommen. Diese Verluste sollten üblicherweise nicht zu einem Verlust an Effizienz führen, zumal der Gesetzgeber einen recht niedrigen Grenzwert von 5 mW/cm² vorschreibt. Zur Veranschaulichung: für einen Verlust in Höhe von nur 1 W müsste also bei Einhaltung des Grenzwertes auf einer Fläche von mindestens 200 cm² eine nennenswerte Leckage vorliegen.

Schließlich wird ein Teil der Leistung aus dem Prozessraum zurück in den Speisehohlleiter reflektiert und kann entweder das Magnetron erhitzen oder wird bewusst über einen Zirkulator an einen Absorber ausgeschleust, um das Magnetron zu schützen. Die reflektierte Leistung kann über einen Richtkoppler erfasst und über eine Impedanzanpassung beispielsweise mittels eines Drei-Stift-Tuners minimiert werden [REUTER, 1980]. Eine Impedanzanpassung fällt umso leichter, je besser die Last im Prozessraum die Leistung absorbiert. Kontinuierliche Prozesse lassen sich besser anpassen, da hier ein stationärer Zustand erreicht wird, in dem sich Last und Applikator scheinbar nicht mehr ändern.

B 3 Formale Beschreibung des Optimierungsproblems zur Anpassung der Parameter P_{MW} und G im Treffer-Absorptions-Modell

In Abschnitt 5.3.4 wurde die Methode der kleinsten Quadrate verwendet, um die Parameter P_{MW} und G des Treffer-Absorptions-Modells für die beiden Öfen C und D zu bestimmen und auf Konsistenz mit den Modellannahmen zu überprüfen. Nachfolgend wird das hierfür zu lösende Optimierungsproblem formal beschrieben:

Bei einzelnen Messungen wurden definierte Probenvolumina eines Stoffes einzeln in einem Mikrowellenofen erwärmt. Die Absorptionseigenschaften der verwendeten Stoffe werden im Modell durch die komplexen dielektrischen Eigenschaften ε beschrieben und werden formal mit der Variablen k durchnummeriert. Die für die Messungen verwendeten Volumina V werden formal mit der Variablen j durchnummeriert. Der Messwert $P_{k,j}$ bezieht sich somit auf die absolute Leistungsaufnahme des Volumens j vom Stoff k im untersuchten Ofen. In das Treffer-Absorptions-Modell gehen diese Größen über die Projektionsfläche der Last $A_{p,L}$, eine Funktion des Volumens (Gleichung (B.3)), und die Absorptionseffizienz Q_{abs}, eine Funktion des Volumens und der Stoffeigenschaften ein (vgl. Gleichung (5.19)):

$$A_{p,L}\left(V_j\right) = \pi \cdot \left(\sqrt[3]{\frac{3 \cdot V_j}{4 \cdot \pi}} \right)^2 \tag{B.3}$$

Die für die Berechnung der Q_{abs} notwendigen Stoffdaten können Tab. B.2 entnommen werden.

Die Projektionsfläche des Mikrowellenofens errechnet sich aus den Abmessungen des Prozessraumes x, y und z zu:

$$A_{p,MW} = \pi \cdot \left(\sqrt[3]{\frac{3 \cdot x \cdot y \cdot z}{4 \cdot \pi}} \right)^2 \tag{B.4}$$

Tab. B.2: Verwendete Stoffeigenschaften bei 20 °C (vgl. Anhang A 2).

Stoff	$\varepsilon'\,/\,-$	$\varepsilon''\,/\,-$
Wasser	77,0	10,6 ± 0,1
Pflanzenöl	2,53	0,166 ± 0,011
Silikonöl	2,84	0,016 ± 0,007

Wie in Abschnitt 5.3.2 erläutert, stellt die angebotene Mikrowellenleistung P_{MW} formal neben der Güte G einen zweiten Modellparameter des Treffer-Absorptions-Modells dar, der benötigt wird, um die gemessene Leistungsaufnahme zu beschreiben. Die Modellfunktion der Leistungskurve entsprechend dem Treffer-Absorptions-Modell für einen Stoff k ergibt sich hiermit aus Gleichung (5.21) als Funktion des Volumens zu

$$f_k\left(V,G,P_{MW}\right) = \frac{P_{MW}}{1+\left(\dfrac{A_{p,MW}}{Q_{abs}\left(\varepsilon_k,V\right)\cdot A_{p,L}\left(V\right)}-1\right)\dfrac{1}{G}} \tag{B.5}$$

mit den Modellparametern P_{MW} und G.

Ziel ist es nun, die Messdaten $P_{k,j}$ mit Hilfe dieser Modellfunktionen zu beschreiben.

$$P_{k,j} \overset{!}{=} f_k\left(V_j,G,P_{MW}\right) \tag{B.6}$$

Da die Modellparameter P_{MW} und G gerätespezifisch sind und somit, sofern die Modellannahmen zutreffen, unabhängig von den verwendeten Stoffen sind, muss eine gemeinsame Anpassung für alle Stoffe durchgeführt werden. Diese wird mit der Methode der kleinsten Quadrate durchgeführt. Als Maß für die Güte der Modellierung dient die Quadratsumme (QS) der Residuen zwischen Modell und Messwerten.

$$QS_{ges}\left(G,P_{MW}\right) = \sum_{k=1}^{3}\sum_{j=1}^{n}\left(f_k\left(V_j,G,P_{MW}\right)-P_{k,j}\right)^2 \tag{B.7}$$

Die optimalen Modellparameter sind dann die Lösung des folgenden Optimierungsproblems:

$$\min_{G, P_{MW}} \sum_{k=1}^{3} \sum_{j=1}^{n} \left(f_k \left(V_j, G, P_{MW} \right) - P_{k,j} \right)^2$$
$$0 \quad < G$$
$$P_{MW,DIN} < P_{MW} < 0{,}8 \cdot P_{netz}$$

(B.8)

Die Unabhängigkeit der Geräteparameter G und P_{MW} von den zu erwärmenden Stoffen kann dazu verwendet werden, die Zulässigkeit der Modellannahmen zu prüfen. Eine Modellierung auf der Basis der Daten einzelner Stoffe muss aufgrund der vermuteten Unabhängigkeit zu identischen Modellparametern führen. Als Maß für die Güte der Modellierung der einzelnen Stoffe wird die stoffspezifische Teilsumme der Fehlerquadratsumme QS_{ges} (Gleichung (B.9)) herangezogen:

$$QS_k \left(G, P_{MW} \right) = \sum_{j=1}^{n} \left(f_k \left(V_j, G, P_{MW} \right) - P_{k,j} \right)^2$$

(B.9)

Die optimalen Modellparameter sind dann – analog zu (B.8) – die Lösung des stoffspezifischen Optimierungsproblems:

$$\min_{G, P_{MW}} \sum_{j=1}^{n} \left(f_k \left(V_j, G, P_{MW} \right) - P_{k,j} \right)^2$$
$$0 \quad < G$$
$$P_{MW,DIN} < P_{MW} < 0{,}8 \cdot P_{netz}$$

(B.10)

B 4 Herleitung der gemäß Treffer-Absorptions-Modell im Prozessraum gespeicherten elektromagnetischen Energie

In Abschnitt 5.3.7 wurde ein Zusammenhang zwischen dem Gütefaktor G und dem klassischen Q-Faktor hergestellt. Hierzu war es nötig, die im stationären Zustand im Prozessraum gespeicherte Energie E_{ges} über das Treffer-Absorptions-Modell auszudrücken. Die Herleitung dieser Größe wird im Folgenden dargestellt.

Sei $\bar{t}_{anl}$ die Zeit, die die Welle für einen Wellendurchgang durch den Prozessraum benötige, so ergibt sich die Energie, die dem System in diesem Zeitintervall neu hinzugeführt wird, als Produkt aus angebotener Leistung und der Dauer des Wellendurchgangs:

$$\Delta E = P_{MW} \cdot \bar{t}_{anl} \qquad\qquad (B.11)$$

Die Dauer eines Wellendurchgangs berechnet sich als Quotient aus der mittleren Wegstrecke $\bar{s}_{anl}$, die die Welle durch den Prozessraum zurücklegen muss, und der Lichtgeschwindigkeit c_0 zu:

$$\bar{t}_{anl} = \frac{\bar{s}_{anl}}{c_0} \qquad\qquad (B.12)$$

Eine Abnahme der Lichtgeschwindigkeit in der Last werde an dieser Stelle nicht berücksichtigt, zumal Leistung, die in die Last eingetreten ist, mit großer Wahrscheinlichkeit auch absorbiert wird und für zukünftige Wellendurchgänge irrelevant ist.

Die Wahrscheinlichkeit X_{rest}, dass eine Welle nach einem Wellendurchgang durch den Prozessraum für den nächsten Wellendurchgang zur Verfügung steht, ist nach Gleichung (B.13) gegeben durch (vgl. Gleichung (5.10)):

$$X_{rest} = \left(1 - p_{t,L} \cdot p_{abs,L} - \left(1 - p_{t,L} \cdot p_{abs,L}\right) \cdot p_{abs,anl}\right) \qquad (B.13)$$

Die Anteil $X_{feld,2}$ der Leistung, der im zweiten Durchgang noch frei verfügbar und somit noch im Feld gespeichert ist, berechnet sich hieraus zu

$$X_{feld,2} = X_{rest}^{1} \qquad\qquad (B.14)$$

im dritten Wellendurchgang zu

$$X_{feld,3} = X_{rest}^{2} \qquad\qquad (B.15)$$

...

und im n-ten Wellendurchgang zu

$$X_{feld,n} = X_{rest}^{n-1} \qquad\qquad (B.16)$$

Die Energie, die im Feld des n-ten Wellendurchgangs noch gespeichert ist, ergibt sich aus Gleichung (B.16) mit den Gleichungen (B.11) und (B.12) zu:

$$E_{feld,n} = P_{MW} \cdot \frac{\overline{s}_{anl}}{c_0} \cdot X_{rest}^{n-1} \tag{B.17}$$

Im stationären Zustand befinden sich nun die Anteile aus allen Wellen-durchgängen gleichzeitig im Prozessraum. Die im Feld des Prozess-raumes gespeicherte Energie E_{ges} ergibt sich also zu:

$$E_{ges} = \sum_{n=1}^{\infty} E_{feld,n} = \sum_{n=1}^{\infty} P_{MW} \cdot \frac{\overline{s}_{anl}}{c_0} \cdot X_{rest}^{n-1} \tag{B.18}$$

Diese Reihe lässt sich als geometrische Reihe darstellen mit

$$a_0 = P_{MW} \cdot \frac{\overline{s}_{anl}}{c_0} \tag{B.19}$$

und

$$k = X_{rest} = \left(1 - p_{t,L} \cdot p_{abs,L} - \left(1 - p_{t,L} \cdot p_{abs,L}\right) \cdot p_{abs,anl}\right), \quad |k| < 1 \tag{B.20}$$

womit sich der Grenzwert der Reihe ergibt zu:

$$E_{ges} = \lim_{n \to \infty} \sum_{i=0}^{n} a_0 \cdot k^i = \frac{a_0}{1-k}$$

$$= \frac{P_{MW} \cdot \overline{s}_{anl}}{c_0 \cdot \left(p_{t,L} \cdot p_{abs,L} + \left(1 - p_{t,L} \cdot p_{abs,L}\right) \cdot p_{abs,anl}\right)} \tag{B.21}$$

Durch Einsetzen der Wahrscheinlichkeiten aus den Gleichungen (5.18) bis (5.20) in (B.21) lässt sich dies umformen zum gesuchten Ausdruck, der im Feld gespeicherten Energie nach dem Treffer-Absorptions-Modell:

$$E_{ges} = P_{MW} \cdot \frac{\overline{s}_{anl}}{c_0} \cdot \frac{1}{\dfrac{Q_{abs} \cdot A_{p,L}}{A_{p,MW}} + \left(1 - \dfrac{Q_{abs} \cdot A_{p,L}}{A_{p,MW}}\right) \cdot \dfrac{1}{G}} \tag{B.22}$$

B 5 Anpassung experimenteller Daten mit dem Risman-modell

Als Vergleich wurde die Leistungsabsorption von Kugeln nach dem Rismanmodell in Ofen C und D berechnet und den Messdaten gegen-übergestellt. Als Mikrowellennennleistung P_{MW} wurde die in Abschnitt

5.3.4.2 ermittelte Ausgangsleistung verwendet. Der Durchmesser des Drehtellers betrug für beide Öfen 16,25 cm. Die Einkopplungsflächen wurden zu $A_{refl,C} = 32\ cm^2$ und $A_{refl,D} = 56\ cm^2$ ermittelt. Die Ergebnisse sind in Abb. B.3 dargestellt.

Auf der Basis der verwendeten Anpassungsgrößen wird das Absorptionsvermögen für große Lasten überschätzt. Ein Grund hierfür könnte sein, dass die Nennleistung gemäß Wahrscheinlichkeitsmodell überschätzt wurde. Allerdings würde eine Anpassung der Nennleistung nach unten dazu führen, dass die theoretische Leistungsaufnahme kleiner Lasten weiter sinkt, die für Ofen D bereits so überschätzt wird. Es müssen also weitere Anpassungen am Modell selbst vorgenommen werden.

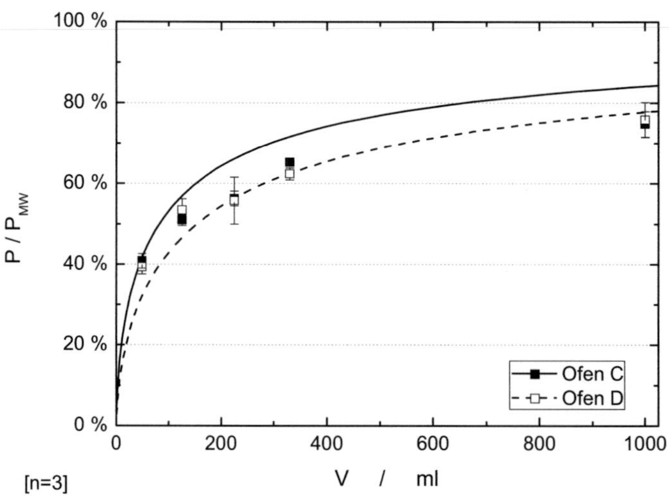

Abb. B.3: *Berechnete Leistungsaufnahme von Wasserkugeln nach dem Rismanmodell in Ofen C und D. Eine gesonderte Anpassung fand nicht statt. Vergleichend ist die Leistungsaufnahme aus den Becherversuchen (Abschnitt 5.3.3) angegeben.*

Es ist vorstellbar, dass gerade bei großen Lasten nicht die gesamte Oberfläche von Last und Mikrowelle gleichermaßen absorptionswirksam ist und es zu einer Verschiebung zugunsten der stark verlustbehafteten

Fläche A_{refl} kommt. Dies würde die verminderte Absorption großer Lasten erklären.

Gleichzeitig fehlt im Rismanmodell die Berücksichtung von Resonanzeffekten. Die Unterschätzung für kleine bis mittlere Lasten in Ofen D könnte darauf zurückzuführen sein. Dies würde wiederum den Spielraum erhöhen, die Nennleistung für eine verbesserte Anpassung zu senken.

Der Vorteil des Rismanmodelles liegt darin, dass über die Oberfläche die Form eines Körpers berücksichtigt werden kann. Eine Beschreibung des Absorptionsverhaltens von Lasten mit niedrigen dielektrischen Eigenschaften ist nicht möglich und würde weiterer Anpassungsparameter bedürfen.

B 6 Die volumenbezogene Streueffizienz und die Homogenität des Erwärmungsverhaltens kleiner Körper

VAN DER VEEN ET AL. berechneten die Leistungsaufnahme kleiner Wassertropfen auf Basis der Mie-Theorie und stellten fest, dass unterhalb einer Größe von 3 mm die Feldverteilung im Tropfen als gleichverteilt angesehen werden kann. Für weniger absorbierende Stoffe steigt dieser Durchmesser an [VAN DER VEEN, 2004]. Das heißt, ergänzend zu der Diskussion um die Homogenität der Erwärmung kleiner Lasten, verteilt sich die Leistung nicht nur gleichmäßig auf mehrere Lasten, sondern auch ausgesprochen gleichmäßig innerhalb der Lasten. Eigene Messungen an Kakaobohnen haben diese homogene Erwärmung, also das Fehlen von ausgeprägten Cold und Hot Spots, bestätigt.

Auf theoretischer Ebene lässt sich dies an der volumenbezogenen Streueffizienz $Q_{sca}/\bar{s}$ zeigen, einer Kennzahl die analog zur normierten volumenbezogenen Leistungsaufnahme gebildet werden kann. Sie drückt aus, inwiefern ein Partikel zur Streuung elektromagnetischer Strahlung in einem Volumen beitragen kann. Haben zwei Körper bei gegebener Frequenz dieselbe volumenbezogene Streueffizienz, so ist es bei gleicher Volumenkonzentration irrelevant für die insgesamt in einem Volumen gestreute Strahlung, welcher Partikeltyp vorliegt. Wie Abb. B.4 entnommen werden kann, geht die volumenbezogene Streueffizienz – im Gegensatz zur normierten volumenbezogenen Leistungsaufnahme – für kleine Volumina gegen null.

Dies bedeutet, dass Partikelschüttungen hinreichend kleiner Partikelgröße oder Suspensionen zwar noch elektromagnetische Strahlung absorbieren, nicht aber streuen können. Folglich werden elektromagnetische Wellen durch hinreichend kleine Partikel nur durch Absorption in ihrer Intensität nicht aber durch Streuung in ihrer Richtung beeinflusst. Da die Dämpfung innerhalb hinreichend kleiner Partikel aber vernachlässigt werden kann, ist schließlich die Feldverteilung in den betrachteten Partikeln konstant und damit die Leistungsaufnahme räumlich gleichverteilt.

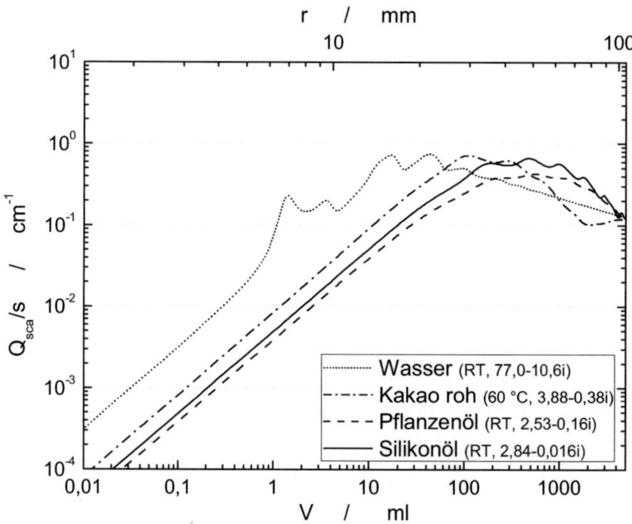

Abb. B.4: Analog zur normierten volumenbezogenen Leistungsaufnahme gebildete volumenbezogene Streueffizienz von Wasser, rohem Kakao, Pflanzenöl und Silikonöl bei 2,45 GHz.